变电站内 35kV 并联电抗器开断过电压抑制与治理

主　编：郑一鸣
副主编：刘浩军、徐华、梅冰笑

电子科技大学出版社
University of Electronic Science and Technology of China Press
·成都·

图书在版编目（CIP）数据

变电站内 35kV 并联电抗器开断过电压抑制与治理 ／
郑一鸣主编. — 成都：电子科技大学出版社，2023.3
ISBN 978-7-5647-9415-6

Ⅰ．①变… Ⅱ．①郑… Ⅲ．①变电所－并联电抗器－
操作过电压－研究 Ⅳ．①TM63

中国版本图书馆 CIP 数据核字(2022)第 002037 号

变电站内 35kV 并联电抗器开断过电压抑制与治理
郑一鸣　主编

策划编辑　　段　勇
责任编辑　　魏　彬　汤云辉

出版发行　　电子科技大学出版社
　　　　　　成都市一环路东一段 159 号电子信息产业大厦九楼　邮编 610051
主　　页　　www.uestcp.com.cn
服务电话　　028-83203399
邮购电话　　028-83201495

印　　刷　　成都市火炬印务有限公司
成品尺寸　　170mm×240mm
印　　张　　11.75
字　　数　　230 千字
版　　次　　2023 年 3 月第 1 版
印　　次　　2023 年 3 月第 1 次印刷
书　　号　　ISBN 978-7-5647-9415-6
定　　价　　68.00 元

编委会

目 录

1 绪 论

1.1 本书的背景与意义

1.1.1 并联电抗器投切过电压

随着我国电网建设日益加快的步伐和规模的扩大，电网容量持续增加，电网对无功的需求也不断增大。在现代大容量电力系统中，用于无功补偿的装置分为感性无功补偿装置（主要包括并联电抗器和静止无功补偿器）和容性无功补偿装置。前者主要作用是补偿线路运行中的容性充电功率以及控制无功潮流、稳定运行电压；后者则一般主要用于提高功率因数。

作为重要的感性无功补偿装置，安装并联电抗器的主要作用有：①减小工频过电压事故概率。线路空载或轻载时，线路的对地电容和相间电容电流在线路电感上的压降引起工频电压升高，且工频电压升高与线路长度成正比。安装并联电抗器可以削弱电容效应，降低工频暂态过电压的幅值，从而改善电网运行的安全性。②提高电网运行经济性。当线路上传输的功率不等于自然功率时，各节点电压发生偏离，通过投切并联电抗器可以调节线路的无功潮流，减少由于无功潮流而引起的线路有功损耗，从而抑制电网节点电压升高并降低线路损耗，改善沿线电压分布和轻载线路中的无功分布。③减小潜供电流，加速潜供电弧的熄灭，提高线路自动重合闸成功率。当线路发生单相瞬时接地故障时，故障点两侧开关断开，故障点处仍有残余电流流过，采用并联电抗器中性点经小电抗接地的方法，可以有效补偿潜供电流，熄灭电弧。同时，安装并联电抗器还有利于装设单相快速自动重合闸。④有利于消除同步发电机自励磁。同步发电机带容性负载时，发电机会发生自励磁引起系统电压升高，安装并联电抗器可以改变线路上发电机的出口阻抗，有效防止发电机自励磁。⑤提高系统稳定性和线路输电容量，提高持续安全供电能力。同时对电网的并列运行也有积极作用。

并联电抗器的容量一般根据线路容性充电功率确定，安装地点一般为变电站内的低压侧母线上，通过断路器与母线相连接。也有部分并联电抗器安装地点为线路中间或者末端变电站的一次母线。并联电抗器的安装地点一般与系统的供电电源数、电容分布情况有关，本书的研究重点为安装于变电站内直接与低压侧母线相连接的并联电抗器。

在变电站内，并联电抗器的投切主要依靠断路器开合操作实现，断路器按灭弧介质种类分为油浸式、六氟化硫、真空式和空气式。高压真空断路器因为其结构简单、寿命长、维修少、无火灾危害、频繁操作特性优良等特性获得了广泛应用。虽然真空断路器的灭弧能力很强，却也可能由此带来明显的过电压负面作用。极强的灭弧能力使得电流瞬间降为零值，产生截流效应。对于断路器，投切感性负荷时截流效应更为明显，极易引起过电压。真空断路器开断感性小电流时，真空灭弧室内小电流电弧不稳定，容易在电流过零点之前提前熄灭，由于能量守恒，截流部分的能量储存在与断路器连接的线路和负载中，并在三相线路或与地之间形成回路不断振荡，从而形成相间与相地过电压，直到能量消耗至振荡过程结束。实际运行中，在真空灭弧室断口开断电流时，工频恢复电压的作用使得电极间出现高频放电电磁波，之后又自行熄灭，当断口电压高于触头间绝缘强度时就会发生重燃。重燃现象的发生与触头材料、老练试验相关，是实际运行中造成过电压事故的重要原因，其产生与抑制机理十分复杂。

并联电抗器投切，尤其是空母线系统投切时，极易出现截流、电弧复燃和等效截流等现象，进而产生操作过电压，引起母线相间短路、电抗器相间短路以及电抗器匝间绝缘损毁等故障。典型的设备故障案例如表1-1所示。

表1-1 近年公司投切35kV并联电抗器导致的设备故障梳理

时间	事件及影响
2010年	35kV并联电抗器开断过程发生2台所变损毁、主变2次出口短路的严重故障
2011年	并联电抗器开断导致母线短路
2014年	35kV电抗器启动试验中，在#1电抗器第一次冲击后，35kV#2所变开关过流Ⅱ段保护动作，所用变开关跳闸
2017年	空载母线切除#1电抗器引起操作过电压，导致35kV开关柜放电，最终引发#3主变第一、第二套差动保护动作，主变三侧开关跳闸
2017年	切除#3电抗器导致开关柜绝缘闪络，引起母差保护动作
2017年	切除#2电抗器导致#2电抗器开关绝缘闪络，35kVⅡ段母线压变低压开关跳开

可以看出，投切 35kV 并联电抗器操作过电压危害严重且涉及设备范围广，迫切需要针对开断并联电抗器过电压的形成机理和抑制措施开展研究。随着装备制造水平和现代控制技术的不断发展，新型电力设备和智能化控制装置不断涌现，针对无功补偿设备的投切过电压问题也有了新的解决思路和方法。现阶段有条件且有必要针对新技术、新工艺、新方法，凝练应用于电网的核心技术问题，并开展深化研究，以期解决投切并联电抗器过电压问题。

1.1.2 真空断路器选相操作

传统的抑制真空开关电感性负载开断操作过电压的方法主要是采用避雷器或阻容吸收器。实际应用情况表明，避雷器或阻容吸收器的过电压保护效果存在一定的限制。真空开关的重燃过电压具有高陡度，能够在绕组上不均匀分布，威胁匝间绝缘。避雷器能够抑制过电压的幅值，但不能有效抑制过电压的陡度。阻容吸收器的保护效果取决于其参数选择和配合，受具体应用场合的负载大小、电缆长短和中性点接地方式等复杂变化的电路条件的影响，难以有效统一和优化配置，使得一些场合的操作过电压防护不够完善。

近些年来，真空开关选相操作得到了快速发展和应用。选相操作可以有效消除真空开关开断过程中的电弧重燃，避免多次重燃过电压和三相同时开断过电压的出现，是根本解决真空开关电感性负载开断的操作过电压问题的有效手段，因此在实际中得到广泛应用。

在真空开关选相操作的应用中，选相操作的稳定性受到普遍关注。选相相位的偏离不仅可能导致过电压抑制效果的丧失，甚至可能产生适得其反的效果。目前，选相真空开关主要采用永磁操动机构，其结构简单、性能稳定。永磁操动机构的驱动电源通常采用电容储能，电容器的储能特性和能量释放特性受电容老化和工作温度的影响，有可能影响选相操作的稳定性。

1.1.3 磁控电抗器抑制系统过电压

在诸多基于电力电子技术的静止无功补偿装置中，磁阀式可控电抗器（MCR）的应用越来越受到关注。MCR 的功率可以自动连续平滑调节，在超高压长距离输电网中可以平滑调节系统的无功功率，维持线路电压基本不变。MCR 容量可随着传输功率的增加而相应平滑地从额定值减小到接近于零，而当线路出现暂态过程，其容量会急剧增大，从而有效降低操作过电压，减少电网损耗，提高供电质量和电力系统的稳定性。

截至目前，我国已有多套基于 MCR［或与固定电容器组（Fixed Capacitor, FC）组合］的 MSVC 动态无功补偿装置在各电压等级枢纽变电站、换流站或开关站中成功投运。2007 年 4 月，我国首台 110kV 磁阀式可控电抗器通过了相关的出厂试验和型式试验，并于 2007 年 6 月在湖南怀化 220kV 田家变电站完成安装并成功投运；随后，同年 9 月，中国电力科学研究院牵头研制的国内首套 500kV 超高压 MCR 在湖北荆州 500kV 江陵换流站内完成安装和系统调试，并成功投入运行；在成功借鉴湖北荆州 500kV 江陵站磁阀式可控电抗器示范工程研制经验的基础上，特变电工沈变成功研制出了 750kV 磁控电抗器，并于 2013 年 6 月在青海鱼卡开关站成功投运；除此之外，在贵州贵阳 110kV 盐城变电站和浙江丽水遂昌 220kV 变电站还分别成功投运了 10kV 和 35kV 电压等级的磁阀式可控电抗器。

可以看到，基于 MCR 的动态无功补偿装置的应用范围涵盖 10kV 至 750kV，应用场合覆盖了电力系统超、特高压输电侧和中低压供配电侧。不同电压等级的成功投运，表明 MCR 技术逐步得到了国家电网公司的接受与认可。目前，基于 MCR 的 MSVC 动态无功补偿装置，正逐步由试点运行发展成为常规应用，为电网系统的电压无功调节提供了强有力的支撑。

然而，融入了电力电子技术和自动控制技术的 MCR 无功补偿装置在显著提升电网电压无功控制能力的同时，也给此类设备运维检修工作的开展带来了巨大挑战。MCR 铁心中间设计了一段横截面较小的部分（磁阀），当其实际工作时，只有铁心的磁阀段达到磁饱和，其他部分铁心都处于不饱和状态。调节其直流偏磁电流可以改变磁阀的饱和度，进而调节电抗器的容量，得到可变的电感值。已有研究发现，磁阀式可控电抗器经常发生过热而损坏的地方，也正是电抗器正常工作时温度相对较高的地方，即磁阀所在的位置。浙江公司某 220kV 变电站投运了 2 组 MCR，与站内固定电容器组构成 MSVC 动态无功补偿装置，并于 2015 年 1 月底正式投入运行。投运后，电压无功控制效果显著，但在投运后不久的某次例行试验中，油色谱试验检测发现两台 MCR 的油中溶解气体（乙炔和总烃）含量均严重超标。对一台油中溶解气体含量持续超标的 MCR 设备进行解体检查如图 1-1 所示，判定疑似故障原因为铁心部件高温过热引起，设备损坏无法修复。

图1-1 MCR故障解体案例（左：电抗器铁心外围；右：电抗器铁心纵向剖面叠片）

从图中可以看到，MCR电抗器铁心外围出现了多处明显由高温造成的黑色烧蚀痕迹，并且烧蚀痕迹均分布在"磁阀"附近（即图中所示"黄色"剖面）。解体后的电抗器铁心纵向剖面具有更加明显的黑色烧蚀痕迹，其烧蚀所在位置均是环氧绝缘材料（正是等效"磁阀"所在位置）。可以看到，当MCR出现了某种故障运行状态后，其铁心中的"磁阀"段相比于其他位置更容易被烧蚀损坏，而且一旦损坏就无法修复，只能整体更换铁心。由该实际案例可推测，MCR铁心"磁阀"段势必承载着更高的磁通密度，具有更高的损耗，导致更高的温升，继而造成"磁阀"段的烧毁。

截至目前，国家电网公司尚未有专门针对MCR运维的相关技术规则出台。因此，现阶段主要依据国网标准Q/GDW 169—2008《油浸式变压器（电抗器）状态评价导则》、Q/GDW 170—2008《油浸式变压器（电抗器）状态检修导则》及省公司标准Q/GDW 11106—2010《油浸式变压器（电抗器）状态评价导则》来评价打分，并开展MCR的运行、维护和设备检修。

一方面，现有技术导则未针对磁阀所在"铁心及其磁回路"部件开展"温度"类的状态评价；另一方面，现有"温度"类的状态量仅为绕组、接头、油泵和油箱温度以及顶层油温，并没有磁阀处的温度信息。此外，无论是油温或是油色谱检测，在检测发热异常或故障时都存在明显滞后。因此，为了保障MCR的安全运行，提升运维能力，需要针对其特殊的结构及调控方式，获取、掌握更多的状态特性，包括铁心饱和度、内部温度场分布等。了解电抗器内部温度场的分布，对于电抗器的正常运行、故障预防等具有重大意义。探明磁阀式电抗器的温度场分布，有助于电抗器的安全运行以及后续设备的结构合理设计，使电抗器成为安全可靠的电力设备器件，从根本上解决电抗器的过早烧坏问题。

对于MCR温度场的测量问题，由于电抗器属于高电压交变强磁场的电力装置，正常工作时人不能靠近。所以一般的温度测量装置无法进行电抗器内部温度的测量。即使是可以进行非接触测量的红外线测量仪，也只能测量电抗器的表面温度，而无法探测其内部的温度。目前的研究中采用光纤测温系统，但测温点布置主要依靠经验推断。此外对MCR磁场分布均是按照理想结构进行电磁仿真，温度场计算均采用简化公式，只能得到定性结论。因此，根据电抗器的实际几何尺寸，电气数据进行三维磁热耦合建模，得到MCR的铁心磁场分布和温度场分布规律非常必要。

1.1.4 研究意义

本书的研究成果是目前电力行业亟须的技术改造手段和智能化设备应用手段。本书成果的应用，可以根据系统特征有效评估并联电抗器的过电压危害程度，为抑制投切并联电抗器的操作过电压提供理论参考，具有一定的学术意义。也可为改造变电站并联电抗器提供技术依据和工程借鉴，具有较高的工程实用意义。本书成果的成功应用可以抑制甚至完全消除220kV变电站中35kV并联电抗器的操作过电压，适应国民经济发展对电力高质量、高可靠性要求的新形势，并符合现阶段电网对新技术、新工艺和新方法的应用需求。该项技术学科综合性强，并具有相当的前瞻性和挑战性，关系到电力系统的安全与经济运行，应用前景非常广阔，经济效益和社会效益巨大。因此，本书将开展这方面的系统性研究，以期从根本上解决并联电抗器投切过电压的技术难题。

1.2 国内外研究现状

1.2.1 相关技术发展历史回顾

1. 真空断路器投切并联电抗器过电压

目前真空断路器用于投切变电站内并联电抗器已经比较普遍，较早应用于电力系统的油断路器由于发生故障时可能引起爆炸，形成大面积燃烧或相间、相对地短路，危险性很高，已经基本被淘汰。

真空断路器具有体积小、使用寿命长、维修少、适合频繁操作等优点，其真空灭弧能力强，开断负荷电流和故障电流可靠性高。然而真空断路器在开断感性负载时，截流效应难以避免，且截流电流值与过电压值成正比，因此各断路器厂家都致力于减小截流值，降低截流效应带来的过电压。目前，国外先进制造商已经可以将断路器截流水平从原来的几十安培限制到安培左右，配合适当的过电压保护装置，截流效应过电压可以得到一定限制。可实际运行经验表明，使用截流值得到限制的真空断路器并不能有效避免投切感性负载引起的过电压事故，开关爆炸、电抗器绝缘击穿事故时有发生。而且实际运行中还存在真空断路器投切并联电抗器引发铁磁谐振，谐振会引起配电网过电压，进而造成设备过热爆炸、母线短路等事故，严重影响配电网安全运行。

有文献针对新疆某电厂断路器切合并联电抗器引起的断路器爆炸事故进行了分析，指出切合断路器之前需要检查断路器同期性，避免操作时员工在现场逗留，并建议使用 SF_6 断路器代替真空断路器。文中只针对故障的现象与过程进行了阐述，未能对故障原因进行深入研究，也未能提出有效解决方案。有文献提出三相真空断路器应该可以设计特殊的触头结构和操作机构，在进行开断操作时提前打开其中一相，并认为提前时间在若干毫秒最佳，以避免操作产生截流过电压。还有相关文献提出截流过电压的计算公式，列举出了影响真空断路器截流过电压的因素包括触头材料、饱和蒸汽压力、开断时刻电流相位与大小、电流过零前的陡度、触头运动速度、开关操作次数等等。同时指出截流过电压只是真空断路器开断并联电抗器引起过电压的一部分，还需要考虑重燃过电压、三相同时开断过电压的影响才足以解释过电压水平很高。

在保护措施方面，有文献推荐使用低电涌真空灭弧室断路器，主要考虑在断路器上加装并联电阻，从而达到合理选择设备参数，降低过电压的目的。金属氧化物避雷器是传统的过电压保护装置，根据避雷器接线方法的差异，一般分为传统三星型避雷器与四星型避雷器两种，目前很少有针对这两种保护装置保护效果的仿真模拟分析。此外，针对真空断路器投切并联电抗器的特殊情况，有特定的过电压保护装置阻容吸收器。阻容吸收器的结构为电阻与电容的并联，通过增大振荡回路电容减小振荡频率，电阻用以消耗振荡能量、减小过电压陡度和开断电抗器时出现的涌流。然而其参数选取以及保护效果仿真分析目前尚不多见。有文献建议阻容吸收器电容的选择按照截流过电压不超过两倍的原则来选取，阻容吸收器的电阻值则根据电容值确定，一般电容值越大则电阻值越小。

2. 选相开关技术的发展

近年来电网发展迅速，用户对电能质量要求也越来越高。电力系统中开关分合闸操作会产生大量的涌流和过电压等暂态现象，给电力设备和电力系统带来很严重的负面影响。传统的解决措施是采用阻容吸收装置或避雷器等，减小开关操作时的暂态冲击，但是它们自身存在着很多问题。为了提高供电质量及系统运行的可靠性和经济性，一种更经济有效的方法——选相投切技术——得到了应用。

选相的概念最早是在20世纪70年代被人提出的。由于受到当时科学技术的限制，没有在实际中得到应用。但是随着开关制造工艺的提高，测控技术的进步及现代电力电子的广泛应用，使这项技术有了实现的可能。

在电力电子系统中，大功率器件的开关损耗是十分严重的。为了解决这个问题，常采用零电流和零电压开关技术，即软开关技术。选相投切技术的概念与此相似，解决的是在大电流、高电压下的软开关技术。只不过，具体解决的是断路器开关操作引起的各种电磁暂态现象。选相开关的实质就是根据负载性质的不同，控制断路器在最佳的电流相位或者电压相位实现分合闸操作。通常，在电流过零时刻断路器合闸。在断路器分闸时，控制燃弧时间，增大触头开距，提高触头间隙的绝缘介质强度，减小电磁暂态冲击。

3. 磁控电抗器技术的发展

美国学者亚历山德逊在1916年提出了"磁放大器"的概念，磁控电抗器在此基础上研制而成。英国通用电气公司在1955年成功设计并生产了世界上第一台额定容量为100Mvar额定工作电压为22kV的可控电抗器，但由于其自身存在调节速度缓慢，并且存在材料消耗和有功损耗偏大等缺陷，使得其推广应用受到限制。国际上俄罗斯对磁控电抗器研究开展得较早且深入。苏联学者在1986年提出"磁阀"的概念，这种新型结构作为连续可调的无功补偿装置，使磁控电抗器可以应用于1150kV以下的任何电压等级的电网，是可控电抗器的突破性进展。

磁控电抗器基于"磁放大器"理论发展而来，它是一种特殊结构形式的可控电抗器，从1955年第一台磁控电抗器诞生至今，科研人员对它的研究就从未中断过，但是大体都集中在为力求获得低损耗、低谐波含量、快响应速度的磁控电抗器而不断努力。磁控电抗器的研究工作也主要是从这三个方面展开。

国外对于磁控电抗器损耗的研究最早可以追溯到1977年，对箔式电抗器进行了损耗研究，经过几十年的发展都是在改进电磁损耗的计算方法。国内损耗研究开始得比较晚，1995年开始采用有限元方法计算损耗。此后国内一直开展的是箔式电抗器的损耗计算的研究，直到近几年才有了重大突破。

基于铁心磁饱和工作原理的磁阀式可控电抗器在动态调节过程中将不可避免地产生高次谐波。产生的谐波电流的大小是随着磁控电抗器容量的增大而增大的，一般可以用额定状态下的基波含量的百分比来表征各次谐波分量的值。国家电力谐波标准规定磁控电抗器注入电网的 3 次、5 次和 7 次谐波必须分别低于 6.9%、2.5% 和 1.3%，各次谐波超过对应的阈值，谐波含量过高将会对设备造成损坏，威胁电力系统的安全稳定运行。

1.2.2 国内外研究水平的现状和发展趋势

1. 投切电抗器操作过电压抑制技术

电抗器除了要经常承受操作过电压之外，还可能受大气过电压的作用。大气过电压主要是由雷电作用而引起的。电抗器线圈在冲击电压作用下，其内部产生自由振荡。自由振荡电压的幅值主要取决于电抗器线圈的最终分布和起始电压分布之差，因此必须改善起始电压分布，使它尽量接近最终电压分布。过电压的危险在于在起始阶段它将在线圈端部引起很大的电压梯度，随后在线圈其他部位引起电压振荡和较大的梯度，并在过渡过程期间使线圈对地电压大大提高。

电抗器的过电压保护有两种互为补充的方法：一是采用各种措施降低进入电抗器的过电压幅值，二是加强电抗器的电气强度。

（1）并联氧化锌避雷器。

氧化锌避雷器是一种非线性压敏电阻，具有半导体稳压管的特性。将它与电抗器并联，在正常工作电压下其电阻值很大，电流很小，而当电压增高至某一数值后，阻值急剧下降，呈现稳压持性。氧化锌避雷器没有间隙，其良好的非线性伏安特性、较快的响应时间，保证了动作的准确性和运行的稳定性，并且降低了保护设备的绝缘水平。避雷器有较大的通流能力和工频耐受电压能力，体积小，重量轻。将避雷器应用到电力系统抑制操作过电压上，可以使各相间的过电压限制到一倍线电压，相对地的操作过电压限制到一倍相电压。由此可见，氧化锌避雷器具有很好的使用价值。

但是氧化锌避雷器也存在着一些缺点，例如：

①如果氧化锌避雷器的密封不严，有潮气和水分侵入，使得阀片在运行过程中受潮，造成电阻片泄漏电流增大。当潮气达到一定程度，阀片电流迅速增大，在内腔壁和阀片内部放电，严重时形成热崩溃，引起避雷器爆炸。

②氧化锌避雷器没有间隙，不能隔离运行电压及内部过电压，长期直接承受电力系统中各种电压应力，使阀片产生老化问题。

（2）并联电阻 – 电容。

在电抗器两端并联 RC 串联电路。电容器既可减缓电压上升的陡度，又可降低负载的波阻抗，因而能降低过电压。电阻起能耗作用，也能有效地抑制过电压值。开关操作会产生高频振荡过电压和重燃过电压。采用此方法，可以使操作过电压低于 2p.u.，系统的重燃过电压低于 4p.u.。但是阻容吸收装置也存在着许多不足，如：

①阻容吸收装置是安装在高压开关柜中，其电容、电阻元件上的棱角比较尖，它的绝缘水平与开关柜不相匹配，对开关柜的绝缘是一种潜在的威胁。

②阻容装置产生谐波。阻容装置中主要元件是电感与电容，它们有可能构成高频振荡回路。通过一些现场经验，有很多场所因为安装了阻容吸收装置而产生了三次谐波污染。

③阻容装置对元件质量要求很高，但是没有明确标准，而且运行时产生附加损耗，使装置发热，严重情况下将会使故障发生概率增加。

（3）增加电抗器的电气强度。

线圈采用纠结连续式线圈或者在线圈的首端或中性点连接电容环，可以增强电抗器的电气强度，改善起始电压分布情况。

目前采用的这些方法都是传统方法，在一定程度上能够起到抑制过电压、重燃等暂态现象的作用，但是不能彻底消除，而且自身也存在着很多不足。随着开关智能化的发展，选相投切技术成为解决这些问题的新途径。

2. 选相开关技术的现状和发展趋势

国际大电网会议（CIGRE）十分关注选相投切技术的发展，在此背景下，成立了研究委员会 WGA3.07。委员会定期进行调研，并组织会议审议选相技术的应用和发展，出版了很多文献，并给出了选相投切技术在瑞典、加拿大、英国、丹麦、巴西和澳大利亚等国家实际应用情况的调研报告。

选相投切技术从 20 世纪 90 年代开始被广泛应用，主要用于以下几个方面：

①无功补偿并联电容器组的选相投切，能大大减小合闸涌流和过电压，减小分闸时断路器重燃概率，可以取代串联电抗器的作用，延长断路器检修周期，提高电能质量。

②对电抗器进行选相投切，能够抑制合闸涌流、分闸过电压，延长断路器的检修周期。

③对空载变压器进行选相合闸，能够抑制涌流，替代合闸电阻，提高系统稳定性，防止继电保护发生误操作。

④对空载线路进行选相合闸，能够抑制过电压，替代合闸电阻，保证系统电压的稳定。

⑤负荷和故障电流的选相分断，能提高断路器分断能力，减小对触头的烧蚀，提高设备寿命。

在加拿大魁北克水电公司的实际应用过程中，将选相技术应用于超高压735kV 电力系统以实现并联电抗器的投切，在减少了合闸涌流的同时，也抑制了重燃过电压的产生。随后，加拿大电力部门也将该技术应用在一条配有补偿装置的 500kV 输电线路上，实现了抑制由快速重合闸导致的操作过电压的目的。2002年，匈牙利在空载变压器实现选相投切，降低了过电压和合闸涌流。2003 年，日本东京电力公司第一次成功实现了选相分断 500kV 并联电抗器。

相对于国外已经将选相投切技术应在实际中，我国选相投切技术发展比较缓慢。最近几年，一些研究机构与国内高校联合，深入研究、探讨了选相投切技术的基本理论及实现方式，并通过实验、在电网中挂机试运行进行论证。但在实际应用方面，国内还是以引进国外成套技术为主。1998 年，中国第一次将选相投切装置应用到某长度为 350km，电压等级为 500kV 的空载输电线上，使操作过电压下降到 2p.u. 以下；长春市于 2000 年将选相技术应用在某 500/220/66kV 等级变电站中，对 66kV 的电抗器以及电容器进行投切，使得操作过电压被有效地降至 1.3p.u.；而大朝山水电站引进 ABB 公司的同步开关合闸装置（CAT），解决了500kV 系统内部过电压的问题。目前这些本书均运行良好。

如上所述，选相投切技术在世界范围内得到了广泛的应用，并取得了很好的效果。国内外在选相投切技术理论研究与实际应用上初具规模，鉴于其优越性和经济效益，选相投切技术日益受到了制造部门和用户的关注，目前已经成为电器智能化的研究热点之一。

3. 磁控电抗器的现状和发展趋势

国内对磁控电抗器的研究源于武汉大学，他们目前已成功地研究出可应用于配电网的磁阀式补偿装置，在电气化铁路牵引变电所（容量低于 4.5Mvar）中运行。2008 年，陈柏超教授等人成功研制出的 110kV 磁阀式可控电抗器。传统电抗器设计保守，简单追求无功补偿功能，少见考虑响应时间、损耗、噪声、谐波及成本等性能。目前，国内有很多学者也相继针对上述问题提出对应的新理论。部分高校（如上海交通大学、华北电力大学、浙江大学和华中科技大学等）也在这方面进行研究，并取得了很大进展。华北电力大学尹忠东教授、周丽霞博士研究了磁控电抗器应用在大容量输电长线实现可控并联补偿。华中科技大学陈乔夫教授等人研究了基于磁通补偿的高压大容可控电抗器。中国电力科学研究院和沈阳变压器厂推出超高压 MCR 的研究，开发的 500kV 三相 MCR 40Mvar 样机已通过工厂测试。

1.2.3 国内外研究机构对本书的研究情况

1. 并联电抗器投切过电压试验研究情况

在国外，针对电抗器过电压的试验研究开展得较早。1979 年，美国邦纳维尔电力局对 3 台单相 60MVA 组成的 180MVA/500kV 并联电抗器进行了 SF_6 断路器投切现场试验，各台电抗器低压端直接接地。切出电抗器时出现的最大过电压幅值为 2.3 倍额定电压，过电压为高频振荡波形，振荡频率在 200 ~ 300kHz，过电压幅值与投切相位有关。1987 年，日本东京电力公司对一台 150MVA/275kV 单相并联电抗器进行了 SF_6 断路器切出试验研究，电抗器低压端直接接地。切出电抗器时截流产生的最大过电压幅值小于 2 倍额定电压，断路器重燃时的最大过电压幅值为 3.4 倍额定电压。1988 年，加拿大不列颠哥伦比亚水电力公司探讨了投切并联电抗器过电压计算方法，并对不列颠 500kV 水力发电系统的多组电抗器进行投切试验，验证了计算方法的正确性。

在国内，针对电抗器投切过电压的试验研究也逐步开展。2003 年广州南洋电器厂的李召家等人对 BKK–3340/10 型 10kV 并联电抗器，2005 年天津市电力科学研究院的时燕新对 BKSC–6000/10 型 10kV 并联电抗器，分别进行了真空断路器投切现场试验，被试验电抗器中性点接地。前者多次投入和切出时测得的最大过电压幅值为 1.2 倍和 3.48 倍额定电压，后者测量结果为 2.96 倍和 5.83 倍额定电压。过电压波形为高频振荡波形，切出电抗器时过电压幅值大于投入时过电压幅值，切出时真空断路器多次复燃。2010 年，清华大学的杜宁与内蒙古电力的张景升等人对 BKK–3340/35 型 35kV 并联电抗器进行了真空断路器切出现场试验，被试验电抗器中性点不接地，断路器与电抗器间由电缆连接。多次切出测量的负载侧相对地和相间最大过电压幅值超出了 4 倍额定电压，相间最大过电压幅值甚至超出了 5.8 倍额定电压，过电压波形为高频波形，断路器出现了多次复燃。

2. 并联电抗器切断过电压仿真研究情况

国外的许多业内人士通过计算机进行仿真研究。1998 年，斯坦福大学的 S.B.Tennakoon 对 SF_6 断路器开断 420kV 并联电抗器做仿真研究，研究结果表明，断路器的多次复燃是引起电抗器过电压的主要原因，断路器的复燃受断路器的工作特性及外电路参数影响。2004 年，伊朗科技大学的 B.Vahidi 等人通过 EMTP

计算程序对 750kV 并联电抗器投切过电压进行了仿真研究，其研究结果表明，电抗器切断过程中，会出现复燃现象，产生复燃过电压。2004 年，Ching-Yin Lee 等人通过 EMTP 计算程序分别对 345kV 及 161kV 电抗器的切断过电压进行仿真研究，研究表明，断路器在切断过程中出现复燃现象，161kV 电抗器的过电压相对严重，并联电抗器采用丫型连接后直接接地可以避免重燃过电压的发生。

国内在仿真方面也做了许多的工作。2004 年，西安交通大学的刘青等人采用 EMTP 计算程序，以某变电站为基础而建立仿真模型，对 330kV GIS 投切电抗器的过电压进行仿真研究，结果表明，该变电站投切电抗器时会产生 1.8 ~ 2.9 倍的过电压，振荡频率高达几百 MHz，GIS 母线波阻抗、电缆波阻抗、出线套管类型及触头间电弧重燃等因素对 GIS 内断路器投切电抗器的过电压大小均有不同程度的影响。

2010 年，内蒙古超高压供电局的王利清等人对 500kV GIS 投切电抗器的快速暂态过电压进行了仿真研究，仿真结果表明，电抗器在投入过程中会产生 1.8 ~ 2.9 倍的过电压，在切除时，若不考虑开关重燃，则无过电压出现，若仅考虑一次重燃，会产生 2.788 倍的过电压，二次重燃则更大。2010 年，清华大学的杜宁、关永刚等人对真空断路器开断 35kV 并联电抗器进行建模，描述了各元件在 ATP-EMTP 环境下的建模方法，并进行仿真研究，将仿真结果与试验结果对比，证明了模型的准确性。2010 年，山东大学的孙秋芹、李庆民等人基于 750kV 线路的具体参数，对 SF₆ 断路器开断并联电抗器的截流过电压进行仿真分析，仿真结果表明，并联电抗器在开断过程中易产生截流，并伴随着拍频现象，截流过电压随截流值升高而升高，拍频振荡频率与线路电容相关。

3. 并联电抗器过电压保护研究情况

过电压保护方法中主要包括氧化性避雷器保护法及 RC 保护法，针对并抗的保护方法的研究，国外学者们作出了许多工作。1979 年，美国邦纳维尔电力局对实施避雷器保护的 3 台单相 500kV 并联电抗器进行了 SF₆ 断路器投切现场试验，将无避雷器保护、实施传统避雷器保护与实施氧化锌避雷器保护的试验结果进行对比。试验结果表明，断路器重燃时避雷器不动作，断路器截流时避雷器动作，可以起到限制截流过电压的作用。相对比与传统的避雷器，氧化锌避雷器的放电电流低，释放能量少。2004 年，伊朗科技大学的 B.Vahidi 等人通过 EMTP 计算程序对实施氧化锌避雷器的 750kV 并联电抗器投切过电压进行了仿真研究，其研究结果表明，避雷器可以降低过电压幅值，但对过电压频率没有影响。

在国内，针对电抗器投切过电压保护装置的研究也日益增多。2005 年，天津市电力科学研究院的时燕新也对安装 RC 吸收装置的 BKSC–5000/10 型 10kV 并联电抗器进行了真空断路器投切现场试验，被试验电抗器中性点接地。多次投入和切出时测得的最大过电压幅值为 1.3 倍和 2.0 倍额定电压，比没安装吸收装置的并联电抗器最大过电压幅值明显降低。2008 年，黑龙江省电力有限公司的李国强等人对安装 RC 吸收装置的 10 000kVA/10.5kV 并联电抗器进行了真空断路器投切现场试验，被试验电抗器中性点不接地。多次投入和切出时测得的最大过电压幅值为 1.36 倍和 1.66 倍额定电压。2010 年，清华大学的杜宁与内蒙古电力的张景升等人也对安装避雷器和 RC 吸收保护器的 BKK–3340/35 型 35kV 并联电抗器进行了真空断路器切除现场试验，被试验电抗器中性点不接地。安装避雷器后投切过电压都减小，不同型式的避雷器抑制过电压效果也存在差异。合理安装避雷器后，过电压水平才能够达到规范对过电压幅值的要求。同时发现在电抗器侧安装 RC 吸收保护器后，过电压水平显著减小，多次投入和切出时测得的最大过电压幅值为 1.7 倍和 1.8 倍额定电压。试验过程也发现有些类型的避雷器和吸收器的保护电阻有损坏现象。

4. MCR 的数学物理模型与仿真模拟

1999 年，武汉水利水电大学的陈柏超出版了《新型可控饱和电抗器的理论与应用》，对 MCR 的基本原理、电磁特性、仿真模拟与实际应用做了较全面的描述。

2002 年，兰州交通大学的田铭兴根据磁饱和式可控电抗器两个铁心及绕组的结构完全对称以及它们工作状态在正负半周里呈镜像对称的特点，利用傅里叶级数分析方法分析了各支路电流谐波分量及其关系，建立了磁饱和式可控电抗器的一种比较简单的等效物理模型，并通过引入绕组端口等效磁通的概念建立了它的数学模型。

2013 年，田铭兴根据磁饱和式可控电抗器的饱和特性，通过对小斜率磁化特性的分析，找到了电抗器额定容量、额定电压、自耦比和绕组电阻之间的定量关系，明确了基于 MATLAB 的磁饱和式可控电抗器仿真模型参数的设置方法。通过对小斜率磁化特性的分段线性化，把从空载到满载的过渡过程分为直流磁链随时间线性增加和控制电流根据线性 RL 电路充电规律变化这两个过程，得到了比较准确的过渡时间计算公式。实例仿真结果说明所提分析方法简捷有效。

2013 年，Karpov 提出了用于模拟 MCR 瞬态特性的计算程序，该程序可以对 MCR 在电网中的瞬态电磁特性进行仿真。基于瞬态仿真结果，并结合简单的控制措施，可以获得 MCR 的更多应用场景，而不仅是用于补偿谐波。

2014 年，田铭兴等根据磁饱和式可控电抗器（MSCR）的结构特点，提出了基于 MATLAB 多绕组变压器模型的 MSCR 仿真建模方法。通过对 MSCR 基本参数关系和铁心磁化饱和特性的分析，找到了 MSCR 额定容量、额定电压、额定频率、自耦比和绕组电阻等参数与 MATLAB 多绕组变压器模型参数之间的定量关系，明确了基于 MATLAB 多绕组变压器模型的 MSCR 仿真模型参数的设置方法。实例仿真结果说明，所建 MSCR 仿真模型不仅可以对绕组、晶闸管、二极管等 MSCR 元器件的电压和电流，以及晶闸管、二极管之间的换流过程进行仿真分析，而且具有直观简单、不依赖于 MSCR 结构参数和准确有效的特点。

2014 年，广东工业大学的余韦彤等根据磁阀式可控电抗器的工作原理，用 C# 语言对所建立的电磁特性模型进行编程计算，并进行现场实验；最后将计算结果与现场实验结果做对比，两者基本相符。

2016 年，广东工业大学的李蕾等选取两个相同参数的饱和变压器作为 MCR 的本体，在 MATLAB/SimPowerSystem 平台上搭建仿真模型，通过设定饱和变压器的额定容量、额定电压、自耦比、绕组电阻等参数，得到不同触发角的 MCR 工作电流和磁链波形。

2018 年，兰州交通大学的张慧英等提出了基于 Jiles–Atherton 逆模型的 MCR 等效磁化特性模型，该模型考虑了磁滞、直流偏磁和小截面磁阀等因素对磁化特性的影响，适用于不同结构参数下的 MCR。基于等效磁化特性模型提出了 MCR 电流特性、控制特性和损耗特性的计算公式和方法。针对一个 MCR 样机进行了理论计算和实验测量，同时与基于理想小斜率模型的计算结果进行了对比。结果表明，提出的 MCR 等效磁化特性模型及其电流特性、控制特性和损耗特性计算方法是正确有效的，对 MCR 的工程设计计算有一定的参考和指导意义。

2018 年，Oleksyuk 通过对 MCR 的仿真模拟，研究其对高压电网的电流和电压谐波影响。仿真实验表明，MCR 与电网接入点处的等效系统阻抗对电压扰动有较大影响。

5. 利用有限元方法的 MCR 建模

2007 年，沈阳理工大学的赵俊峰等应用有限元软件 ANSYS 建立铁心和空气隙的模型，对铁心磁场进行分析，并对铁心空载损耗进行了计算。以 220V/600VA 磁饱和式可控电抗器为例，给出了铁心内部磁场分布图以及铁心空载损耗的计算值。

2010 年，郑州大学的刘仁采用 Ansoft Maxwell 3D 有限元电磁分析软件对三相 MCR 进行电磁仿真分析，分析其铁心磁密、能量、应力，绕组电流等，并提供形象直观的电力线分布、磁力线分布矢量图、等位线云图，为 MCR 的设计与优化提供可靠的依据。

2010年，华北电力大学的王子强等针对6种典型的可控电抗器铁心结构，在理论上进行磁场分析，并在有限元分析软件ANSYS中建立其模型，施加不同的激励电流，进行铁心磁场分布的分析比较。采用ANSYS内置的损耗算法，比较了六种铁心结构的损耗情况，验证了对于某种特定的铁心，激励对损耗的影响情况。同年，王子强在其硕士论文中首次对磁阀式可控电抗器磁路结构进行了有限元理论分析和数学推导，使用了场路直接耦合求解二维非线性瞬态涡流场的方法，建立了磁阀式可控电抗器的场路耦合模型。

2011年，华北电力大学的杨坡基于ANSYS软件的命令流方法对基本的磁阀式可控电抗器结构进行仿真，建立了二维有限元模型，分析其铁心结构及磁场分布。然后又对实验室磁阀式可控电抗器样机进行了有限元仿真分析，通过对小截面进行分段处理有效地减小了磁场横向分量，从而降低了电抗器损耗。又针对几种不同的电抗器结构进行了三维有限元分析。通过对电抗器模型施加不同的载荷研究电抗器损耗与激励的关系。最后介绍了耦合场分析，建立了磁阀式可控电抗器的二维磁场—电路耦合模型并进行分析。针对实验室中的磁阀式可控电抗器样机进行了伏安特性、控制特性及谐波特性等的物理实验。并且根据实验分析了磁阀式可控电抗器在不同容量情况下的电流波形，证明了随着电抗器容量的增大，其工作电流就越接近于正弦，谐波含有率也随之越小。

2012年，东北大学的王富民利用二维有限元电场分析方法，建立额定容量80 000kvar并联电抗器绝缘结构电场分析模型，提出基于有限元的电场分析方法。采用通用商业电磁场计算分析软件，建立特高压80 000kvar并联电抗器磁热耦合分析模型，对电抗器额定状态以及超额定状态下电抗器铁心及结构件等磁通密度及损耗进行分析，为电抗器温升准确计算奠定基础。哈尔滨理工大学的张月建立了10kV磁控饱和电抗器的三维有限元模型，分析其在额定控制电流下油箱壁磁场分布情况，并计算其油箱壁损耗，为特高压磁控饱和电抗器的设计提供了理论基础。广东工业大学的张名捷基于建立磁阀式可控电抗器的模型，对不同排列顺序的模型进行了有限元仿真分析。结果表明，采用将原来线圈顺序换成柱线圈、顺序，磁路更加平衡，直流磁阻更小，铁轭上的磁感应强大大降低，因此可以降低损耗。

2013年，北方工业大学的孔令齐使用有限元软件先对磁阀式可控电抗器模型进行了仿真分析，然后使用软件进行了仿真对比。确定了磁阀式可控电抗器在交、直流励磁共同作用下的磁场分布，计算得到了在不同工况下电抗器工作绕组的电感，将仿真结果与其工作特性的实验结果做了对比分析。山东大学的王梦使用有限元软件 MagNet 建立了磁阀式电抗器的磁场模型，分析了在不同工况下的磁场分布和工作电流，将其结果与在 SIMULINK 下的仿真进行对比，验证模型的正确性。以磁场分析为基础，得到了电抗器在传统理论下的计算模型和基于 Bertotti 分立铁耗计算模型下的空载和额定铁耗，并基于 MagNet 的参数化，对磁阀结构饱和时的边缘效应进行分析和优化设计。

2014 年，广东工业大学的欧振国对磁控电抗器的损耗进行了编程计算和有限元电磁仿真，通过建模计算出电抗器在偏磁状态下的支路电流、磁滞回线、磁滞损耗和电阻损耗，并利用有限元仿真在 Ansoft 环境下对磁控电抗器进行了电磁场和损耗仿真，通过有限元仿真结果推断出一些实用可行的降低电抗器损耗的措施。

2015 年，浙江大学的谢鹏康等用 Ansoft Maxwell 电磁场仿真软件对平面和三维两种类型的 MCR 进行磁场分析，研究铁心磁轭和磁阀中的磁通密度曲线，对比并联磁阀和传统磁阀表面位置的磁通密度分布。仿真结果表明：三相六柱和并联磁阀结构可以使磁通分布得到优化，进而有效减小 MCR 的铁心损耗。所采用的磁损特性研究方法同样适用于其他类型的可控电抗器。华北电力大学的尹忠东等提出了将 MCR 铁心中单段磁阀分为串联的几段磁阀的结构来减小边缘效应，从而减小 MCR 中工作绕组中的电感值，使得 MCR 在相同的工作电压和控制电压下，输出更大的感性无功电流，达到提高 MCR 整体性能的目的。通过理论分析和 ANSYS 仿真得出了 MCR 磁阀段具体划分的有效段数和每两段磁阀间铁心长度的最优值。沈阳工业大学的马闯在现有的研究基础上，利用场路耦合基本原理，采用有限元软件 MagNet 计算得到了一台特高压磁饱和式可控电抗器的主磁场分布和工作特性。

2015 年，山东大学的赵耀利用 Ansoft Maxwell 软件建立了 10kV 磁阀式可控电抗器的二维有限元模型，分析了不同工况下工作绕组电流的谐波含量，并与解析法得出的各次谐波含量进行对比，验证了解析法计算结果的正确性。华北电力大学的许晖在介绍了磁控电抗器主体结构、工作原理和运行状态的基础上，利用有限元分析软件 ANSYS 建立了其三维结构模型并进行了理论分析和数学推导，对其电磁特性、损耗特性、温升特性进行了研究。广东工业大学的姜翠玲用 Ansoft Maxwell 软件建立电抗器的二维有限元仿真模型，将厂家给出的硅钢片铁心直流偏磁磁化曲线应用于该磁场仿真中，得到了直流偏磁下电抗器磁感应强度的分布情况，并对比分析了磁控电抗器与变压器直流偏磁的区别。华东交通大学的钟鸣以电磁场理论为基础，用 Ansoft Maxwell 软件建模仿真了磁控电抗器一个周期内的磁场分布，明确了铁心损耗以及线圈损耗的产生，并针对单级磁控电抗器以及双级磁控电抗器的损耗进行了详细分析。损耗结果表明：双级磁阀结构较单级结构损耗有所降低，各截面的面积影响铁心以及线圈的损耗，合理的选取磁阀的各截面比能把损耗降到最低。

2016年，兰州交通大学的位大亮通过理论研究，借助ANSYS有限元软件，对MCR的工作机理，工作特性和磁场分布等方面进行了详细的分析研究，通过比较文献中常见的五种磁阀铁心及其衍生的四种磁阀铁心的磁场分布，得到分布式并联磁阀铁心能有效减小铁心磁阀处的横向磁场分量及铁心损耗的结论，这为MCR结构及工作特性优化设计提供了一定的参考依据。华北电力大学的贺新营利用Ansoft Maxwell软件建立了双级磁阀电抗器的模型，提供了直观的磁力线分布图，验证了理论分析的正确性。利用MATLAB建立了双级磁阀式电抗器模型，得到不同触发角下的工作电流波形，并与理论计算结果相对比，验证了模型的有效性。北京交通大学的李亚坤从电磁场理论出发，利用有限元仿真软件ANSYS Maxwell与Simplorer结合的场路耦合法对电抗器样机进行建模，研究了磁控电抗器的损耗特性。由仿真得出磁通密度分布场图，验证了磁控电抗器左右两铁心柱在一个工频周期内交替饱和。通过对仿真结果中的磁力线场图进行分析，研究了影响电抗器损耗的因素，对比分析了几种改进铁心结构的电抗器模型的仿真结果，说明了采用内部分段磁阀结构能够改善边缘效应及减少横向漏磁分量的出现，同时也是减小损耗的可行性措施。广东工业大学的李蕾利用Ansoft Maxwell软件建立了磁控电抗器的磁路模型，仿真分析其磁路特性。对控制直流绕组设置不同激励的情况下，分析每种工况下磁控电抗器的磁力线和磁通密度的分布场图情况。在一个周期内的磁力线变化场图显示出，上半周期内磁力线主要集中在左铁心柱，下半周期主要集中在右铁心柱，相应地磁通密度场图反映出左右铁心轮流增磁和去磁。并且直流励磁程度越大，磁力线越密集，磁通密度也越来越大。对磁控电抗器的磁路建模，能够对其磁路特性了解的更加清晰，并且对直流偏磁下的运行特性研究有较好的帮助。同年，广东工业大学的杨健使用有限元分析方法，基于ANSYS软件对磁控电抗器进行二维建模，分析其交直流磁场分布特点，绘制磁控电抗器的激磁电流和不同工作时刻下的磁密分布云图。兰州交通大学的章宝歌等针对磁阀式可控电抗器的铁心结构，推导了电磁数学模型，并在ANSYS有限元软件中对不同铁心结构的磁阀式可控电抗器在饱和工作状态下的磁场进行了系统的仿真、比较、分析。在此基础上，提出了一种能明显消除边缘效应且漏磁与总损耗也明显下降的磁阀串联分布方式。研究结果表明：磁阀式可控电抗器铁心饱和度只与磁阀截面积有关，与磁阀长度无关。仿真结果与理论分析相一致，说明了仿真方法的正确性。仿真结果说明了这种分布串联磁阀结构电抗器具有巨大的实际应用价值。

2019 年，兰州大学的张慧英等利用 ANSYS 建立了 MCR 的三维场路耦合仿真模型，针对磁化曲线和绕组连接方式对 MCR 的特性影响做了仿真研究，结果表明采用磁滞磁化曲线模型的仿真结果与实验结果更接近。

2019 年，中国电力科学研究院有限公司的郑伟杰等依据麦克斯韦方程直接推导并建立了磁控高抗磁路方程，与电路相耦合进行求解。依据磁控高抗实际结构，建立了基于磁阻概念的非线性磁路模型，依据电磁感应定律将电路与磁路联立，根据电路与磁路的对偶性原理建立了电路—磁路耦合模型，并在计算中利用 Jiles–Atherton 磁滞模型考虑了铁心磁滞效应。电流计算与实验结果较好吻合，验证了该文所提出算法的准确有效性。

关于电抗器磁热耦合仿真，2015年，青岛大学的郑婷婷等针对通入正弦电流的三相铁心电抗器绕组实际使用中出现高频谐波干扰的情况，基于 ANSYS 软件，对电抗器铁心的电磁场和温度场进行研究。利用 ANSYS 有限元软件，建立了电抗器铁心、线圈和空气的实体模型，并编写命令流程序，通过仿真得到铁心磁场分布，同时进行磁热耦合分析，将磁场分析中产生的涡流损耗作为热载荷导入热场分析单元，施加绕组生热率，给出电抗器正常工作状态下铁心温度分布。

2017 年，西安交通大学的刘奋霞等建立了电抗器本体及散热装置的三维模型，对电抗器内部结构件的磁场分布和电磁损耗进行研究计算。同时将损耗值作为热源，采用流固耦合方法分析了电抗器内部温度场、流体场分布，对局部热点进行定位。将实验测试结果与理论值、仿真计算值进行了对比，证明了该方法的正确性与有效性。

尚未发现有国外研究者针对 MCR 的磁热仿真进行研究。比较相近的研究有针对分布气隙式并联电抗器的有限元仿真，旨在解决气隙处的漏磁分布规律，并进而对铁心结构进行优化。有文献则同样针对分布气隙式并联电抗器的振动特性进行了有限元仿真，并提出了减震降噪的理论指导方案。

总体看来，已有研究更多集中在 MCR 的电磁特性仿真上，对 MCR 的磁热耦合仿真研究较少，这也更加凸显本书的研究意义。虽然目前利用 ANSYS 等有限元软件进行变压器的三维磁—热耦合仿真研究相对较多，MCR 也可以认为是一种特殊的自耦变压器，可以基于已有的变压器仿真研究，通过修正几何结构以及绕组参数，加上几何建模、边界、激励源参数的设置等等，实现 MCR 的磁场和温度场分布。但 MCR 与变压器的不同之处又在于其运行方式受电力电子器件的控制，而 ANSYS 对电力电子控制器件的支持不如 SIMULINK 丰富。为更好地反映电力电子控制对 MCR 温度场分布的影响，需要采用场路耦合的方法来进行仿真建模。

1.3 本书主要内容

本书主要内容包括三个方面：一是并联电抗器操作过电压抑制技术；二是选相开关选型与试验技术；三是磁控电抗器运行关键技术。内容一旨在探究并联电抗器操作过电压产生原理，提出针对性的常规抑制手段并通过仿真和实测手段抑制其效果。内容二和内容三分别针对新型电力设备和智能化控制装置，提出并验证两种可能完全消除并联电抗器操作过电压手段，解决新型设备存在的技术问题和与电网其他设备的配合问题，旨在从根源上解决投切并联电抗器过电压问题。

1.3.1 并联电抗器操作过电压抑制技术

1. 并联电抗器操作过电压的形成机理和抑制措施

探究并联电抗器操作时，特别是开断时过电压产生的机理，并据此提出抑制此类过电压的技术方向和具体措施。

2. 并联电抗器操作过电压暂态建模和评估技术

对操作并联电抗器的物理过程开展仿真建模，研究母线出线情况、断路器投切位置、介质恢复特性、过电压保护器、阻容吸收器等对操作过电压的影响，形成过电压计算与评估模型。

3. 并联电抗器过电压抑制措施的现场验证

选取典型变电站开展几种典型抑制手段的效果验证试验，测量开断并联电抗器时在母线侧和电抗器侧的过电压，并记录支路电流，验证各项抑制措施的效果。

1.3.2 选相开关选型与试验技术

1. 选相开关结构特点和工作原理

开展选相开关结构特点、选相投切基本原理及动作时序的分析调研，并以此为基础，对比各种针对并联电抗器的选相投切策略，分析各策略的优劣和对应的互感器配置要求，为选相投切技术的实现提供控制层面的保障。

2. 选相开关制造和运行特性

开展选相开关主流生产厂家技术实力分析，调研并对比各厂家采用的技术路线、技术特点、先进工艺和质量控制流程。结合现有 35kV 开关柜和选相开关的配置特点，开展用选相开关替换常规开关的改造方案研究。开展在运并联电抗器选相开关投切特性分析，结合并联电抗器投切时录波数据，分析其对过电压的抑制效果和长期运行对抑制效果的影响。

3. 开关分闸时间分散性验证试验

重点开展各类开关的分闸时间分散性试验，对比操动机构为弹簧机构、永磁机构和电动机构的断路器分闸时间分散性，分析分闸时间分散性的影响因素。验证现有开关是否满足选相投切对分闸时间分散性 ±1ms 的要求，提出选相投切对操动机构的配合和选型要求，以及对各种影响因素的补偿措施。

1.3.3 磁控电抗器运行关键技术

1. 磁控电抗器工作性能与谐波抑制技术

开展磁控电抗器电路、磁路结构特点和工作原理分析研究，分析磁控电抗器谐波特性。分析已有谐波抑制方法（移相抵偿法和滤波法）的工程实效。

2. 磁控电抗器制造和运行特性

开展磁控电抗器主流生产厂家技术实力分析，调研并对比各厂家采用的技术路线，技术特点、先进工艺和质量控制流程。结合现有 35kV 并联电抗器和磁控电抗器的配置特点，开展用磁控电抗器替换常规并联电抗器的改造方案研究。开展试运磁控电抗器噪声振动特性实测，分析噪声振动影响因素。

3. 磁控电抗器振动噪声抑制技术

开展磁控电抗器振动噪声抑制技术研究，结合现场实测振动噪声数据，分析磁控电抗器振动特性和主要振源。借鉴已有的变压器降噪控噪技术，考虑在磁控电抗器内部采取吸附抑噪手段，改进提升设计制造环节的工艺，从设备内部降低噪声。研究磁控电抗器在现场的配置方式和布置环境对噪声的影响，提出能够抑制振动和噪声的现场优化布置方式。

4. 磁控电抗器温升控制与状态评价技术

开展磁控电抗内部磁路仿真与损耗分析，探究其温度场分布特性。研制具有设备状态检测和运行控制功能的集成测控系统，以及适用于电抗器磁阀段铁心局部测温的温度传感器与交直流励磁电流传感器。在投运磁控电抗器内埋设温度传感器，并配备集成测控系统，开展磁控电抗器状态检测与性能评价技术研究。

2 并联电抗器操作过电压抑制技术

2.1 开断并联电抗器过电压产生机理及抑制思路

2.1.1 开断并联电抗器过电压产生机理

在电抗器开断过程中会出现三种形式的过电压：截流、多次重燃和三相同时开断。在大多数情况下，截流过电压相对较低且上限明确，因而是可接受的。造成并联电抗器开断过电压的主要是复燃及由复燃导致的非首开相等效截流。如图2-1所示为断路器在开断小电流时复燃的形成机理。

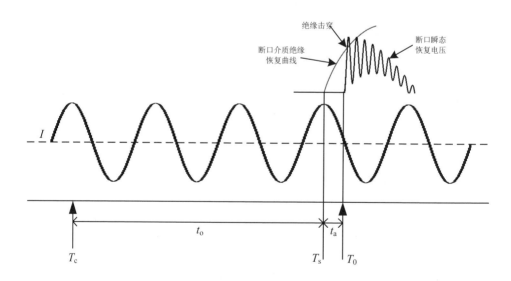

图2-1 开断并联电抗器过电压产生机理（复燃）

如图 2-1 所示，I 为流经断路器的电流，系统在 T_c 时发出分闸指令，断路器操动机构开始动作。经分闸时间 t_o 后，断路器触头在 T_s 时刻开始分离，断口介质绝缘开始恢复（如断口介质绝缘恢复曲线所示）。再经燃弧时间 t_a 后，电弧在 T_0 时刻由于电流过零熄灭（理想状态无截流情况），断口开始出现瞬态恢复电压。若燃弧时间 t_a 较短，断路器的触头之间还没有完全分断，动静触头之间的距离不大，此时若两端的恢复电压幅值过大，有可能发生击穿，导致电弧复燃。复燃的电弧很快又在接近零点处被强制熄灭，触头之间重新产生了恢复电压，如果恢复电压值超过了此时间隙的介质耐受能力，则又会引发电弧复燃。复燃过程直到触头间的间隙距离足够大，足以耐受恢复电压为止。

复燃主要取决于断口瞬态恢复电压与断口介质绝缘恢复特性。断口动态绝缘强度具有一定分散性，因此电弧的复燃也有一定随机性。复燃一旦持续发生，过电压就会出现级升，可能会给系统中的其他设备带来危害。

任何种类的断路器都不可能完全排除复燃，如果没有采用电压抑制的专门措施，无论开关装置如何，电抗器开断时均可能产生复燃过电压。

2.1.2 等效电路

如图 2-2 所示是真空开关开断电感性负载的典型三相电路，主要电路元件包含：三相电源 $U_{\mathrm{S}(\mathrm{A,B,C})}$，真空开关 $\mathrm{VCB}_{(\mathrm{A,B,C})}$，三相电缆和三相电感性负载，电感性负载表示为各相等效电感 $L_{\mathrm{F}(\mathrm{A,B,C})}$，等效电阻 $R_{\mathrm{F}(\mathrm{A,B,C})}$ 和等效电容 $C_{\mathrm{F}(\mathrm{A,B,C})}$。

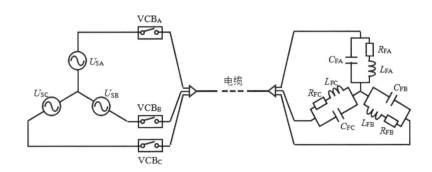

图2-2 真空开关开断电感性负载的典型三相电路

图 2-2 的三相电路开断包含首相开断和后两相开断，这两种开断的电路都可以根据戴维南定理简化为如图 2-3 所示的单相等效电路，其中：U_{S} 为等效工频电源，VCB 为真空开关，L_{F} 为负载等效电感，R_{F} 为负载等效电阻，C_{F} 为负载端口等效电容，L_{H} 和 R_{H} 为电缆连线回路的等效电感和等效电阻。以下将以图 2-3 电路说明截流过电压和多次重燃过电压，以图 2-2 电路说明三相同时开断过电压。

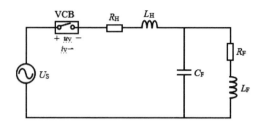

图2-3　真空开关开断电感性负载的单相等效电路

2.1.3　三种形式操作过电压

1. 截流过电压

真空开关具有很强的灭弧能力，能够在工频电流过零以前熄灭电弧，产生截流，如图2-4所示。截断的工频电流瞬时值称为截流值，表示为I_{CH}。

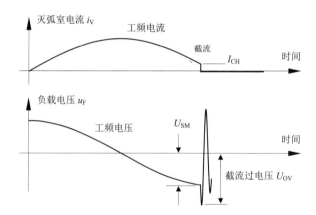

图2-4　真空开关开断电感性负载的截流过电压示意图

当发生截流时，图2-3中负载电感L_F中也截断有电流I_{CH}，储存有磁场能量，该磁场能量随后转换为负载端口电容C_F中的电场能量，产生负载端口的过电压，即截流过电压。根据负载中的能量平衡，有

$$\frac{1}{2}C_F U_{SM}^2 + \frac{1}{2}L_F I_{CH}^2 = \frac{1}{2}C_F U_{OV}^2 \qquad （2-1）$$

其中，U_{SM}是截流时刻工频电压的瞬时值，近似为工频电压峰值；U_{OV}是截流过电压幅值。由此可以得到截流过电压和截流值的关系为

$$U_{OV} = \sqrt{U_{SM}^2 + \frac{L_F}{C_F}I_{CH}^2} \qquad （2-2）$$

随着真空开关触头材料的改进，截流水平显著降低，截流过电压也显著降低，目前不再构成严重威胁。

2. 多次重燃过电压

多次重燃过电压的出现具有随机性，受真空开关操动的工频电流相位影响。当真空开关随机操动时，触头刚分时刻（触头机械分离的时刻）会随机地出现在工频电流的任意相位上，如果触头刚分时刻在工频电流零点之前比较靠近零点的相位区间，则当真空电弧在工频电流零点熄弧时，触头开距将不够大，承受不了弧后的恢复电压，此时将出现触头间隙击穿，即电弧重燃。

一旦出现电弧重燃，则会诱发多次重燃，产生多次重燃过电压。图2-5是多次重燃过程示意图，图中所示是真空灭弧室电流 i_V 和灭弧室两端电压 u_V 的波形图。

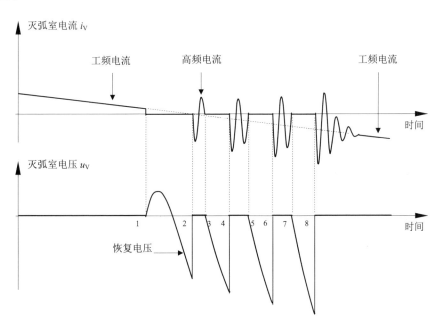

图2-5 真空开关开断电感性负载的多次重燃过程示意图

多次重燃的发生过程如下：

（1）当工频电流接近工频零点，t_1 时刻发生截流；

（2）截流以后灭弧室两端出现恢复电压；

（3）因为触头开距不够大，触头间隙承受不了恢复电压，t_2 发生电弧重燃；

（4）电弧重燃在 VCB → R_H → L_H → C_F → U_S 回路中产生高频电流，灭弧室

电流是负载电感电流和高频电流的叠加，出现高频电流零点；

（5）随着高频电流振荡衰减，高频电流零点的电流变化率不断减小，t_3时刻出现高频零点开断；

（6）随后，再次出现恢复电压、电弧重燃和高频零点开断，依次重复，产生多次重燃过程。

多次重燃结束有以下两种情况：

（1）因为灭弧室电流存在负载电感电流分量，可能使得某次电弧重燃后不再出现高频零点开断，多次重燃过程结束，电流继续到下次工频零点开断。

（2）当某次高频零点开断后恢复电压不再能够导致电弧重燃，则多次重燃过程结束，真空开关完成开断。

多次重燃过程包含恢复电压上升和燃弧两个交替出现的期间，在燃弧期间，电源 U_s 向负载电感 L_F 中注入电流，使得负载电感 L_F 中的电流具有不断增大的趋势，该负载电感的电流等效于截流，在负载端口产生幅值不断增大的过电压。与此对应，在真空开关两端也产生幅值不断增大的恢复电压，引发持续的触头间隙击穿。因此，重燃一旦发生，通常诱发持续的多次重燃，产生幅值不断增大的过电压。如图 2-6 所示是多次重燃过程的试验示波图。

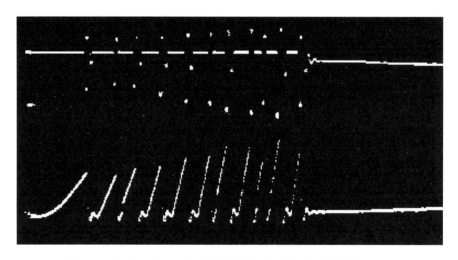

图2-6 真空开关开断电感性负载的多次重燃过程的试验示波图

此外，多次重燃过程中包含一系列触头间隙击穿，产生一系列的高幅值的电压陡变，使得多次重燃过电压具有高陡度的特点。高陡度的电压变化能够在电感绕组上不均匀分布，使得绕组的部分匝间绝缘承受高幅值的过电压，这是多次重燃过电压产生严重危害的另一个重要原因。

3. 三相同时开断过电压

在真空开关开断电感性负载的三相电路中，如果首开相（假设为 A 相）开断时发生了电弧重燃，则首开相 A 相重燃产生的高频电流将以 B、C 相为回路，叠加在该两相的工频电流上。此时 B、C 相的工频电流瞬时值不为零，如果电流叠加的结果导致 B、C 相也出现高频电流零点，且也发生了高频零点开断，则出现 A、B、C 三相同时开断的情况。三相同时开断使得 B、C 相负载电感中被截断很大的电流，具有等效截流的作用，称为三相同时开断过电压，如图 2-7 所示。

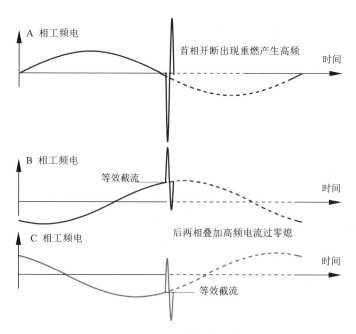

图2-7　真空开关开断电感性负载的三相同时开断示意图

2.1.4　开断并联电抗器过电压抑制思路

复燃的出现主要是由于断口介质绝缘恢复曲线与断口瞬态恢复电压存在交点。因此消除或减少复燃的思路可以归结三种（见图 2-8）。

1. 延长燃弧时间 t_a——相控技术

断路器介质绝缘恢复曲线和断口瞬态恢复电压相切时对应的燃弧时间与过零点 T_0 之间形成"复燃窗口"。当燃弧时间 t_a 足够大使得断路器分离时刻 T_s 能够避开这一复燃窗口时，复燃便不会产生。

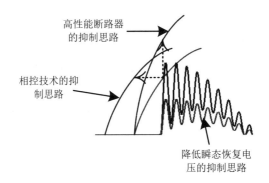

图 2-8　开断并联电抗器电抗器复燃现象抑制思路

2. 提高断口介质绝缘恢复强度——高性能断路器

可以选用介质绝缘恢复速度较快的断路器,以尽可能避开瞬态恢复电压,或者减少介质绝缘恢复强度曲线与瞬态恢复电压相交的次数。理论上,这种思路一方面可以减少复燃发生概率,另一方面可以减少复燃持续时间,使得复燃大概率能够转续流开断,不会形成非首开相等效截流,降低过电压风险。但一般来讲,并不能完全消除复燃。

3. 降低断口瞬态恢复电压——改变断路器两端系统参数

断口的瞬态恢复电压一方面受断路器自身性能影响,另一方面取决于断口两端的系统参数。可以通过改变断口两端的系统参数降低断口瞬态恢复电压,尽量避免瞬态恢复电压曲线与介质恢复特性曲线相交。其一,可以改变断路器位置,利用连接电缆的电容效应,选择前置断路器投切或中性点断路器投切。其二,可以通过在母线侧或电抗器侧加装阻容吸收器,降低瞬态恢复电压的恢复速度并增加阻尼。

除此之外,也可以选用各种过电压保护装置,在过电压产生后有效泄放能量,降低过电压。对于新建站还可以有序地试点无须投切的无功补偿装置代替并联电抗器。

2.2　开断并联电抗器过电压仿真

2.2.1　典型系统配置

选用 PSCAD 电磁暂态仿真软件开展开断 35kV 并联电抗器的操作过电压仿真。

投切 35kV 并联电抗器系统的 PSCAD 模型如图 2-9 所示。

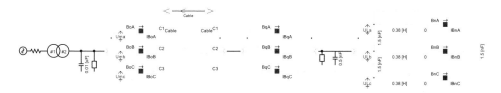

图2-9　投切35kV并联电抗器系统PSCAD模型

仿真模型主要由 220kV 电源、220kV/35kV 变压器、母线（对地电容）、母线避雷器、母线 PT、原位置断路器、连接电缆、前置断路器、电抗器避雷器、并联电抗器（含杂散电容）及中性点断路器组成，此外根据仿真需求添加阻容吸收器、过电压保护器等设备模型。

2.2.2　各元件模块模型

1. 断路器模型

采用截流值 I_c、断口介质恢复强度 U_d、高频电流熄弧能力 ΔI 三要素构建的单相断路器模型如图 2-10 所示。当断路器收到分闸指令且电流绝对值小于截流值 I_c 时，断路器分断。若断口介质恢复强度 U_d 小于断口瞬态恢复电压 U_t 时，断路器击穿导通（不考虑电弧模型）。若高频电流变化率小于高频电流熄弧能力 ΔI 且电流小于截流值 I_c 时，断口重新开断。如此反复循环，直至电流分断（模型中不设置设备绝缘击穿）。

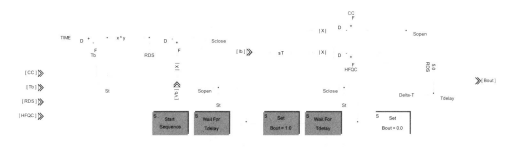

图2-10　单相断路器模型

厂家提供的参数和相关文献表明，35kV 真空断路器开断并联电抗器工频截流值小于 5A，大多在 2 ~ 3A 之间，因此在仿真模型中工频截流值设定为在区间 [2,3]A 的随机均匀分布函数。实际上 5A 及以下的工频截流值对仿真结果影响极小，可以忽略。对于 SF_6 断路器，现有的产品截流值也普遍小于 5A，因此与真空断路器做同样设置。

真空断路器对高频电流过零熄弧的能力与电流在零值附近的电流变化率（di/dt）相关，只有在电流零值附近 di/dt 小于一定数值的电流才能被成功开断，该值称为高频电流熄弧能力 ΔI，其取值范围一般在 50 ～ 300A/μs。

真空灭弧室绝缘强度在 20 ～ 50kV/mm 之间，根据对 35kV 真空断路器开断并联电抗器现场实测及实验室试验数据，介质绝缘恢复强度特性统计值在 25kV/mm 左右，35kV 真空断路器的分闸速度在 1.6m/s 左右。在仿真模型中，35kV 真空断路器介质绝缘恢复特性与触头分断时间 t 拟合为

$$U_d = 36.8t^{0.825} \tag{2-3}$$

根据文献中的实测数据，SF_6 断路器弧隙的介质恢复强度在仿真中设置为

$$U_d = 25t^{1.6} \tag{2-4}$$

真空和 SF_6 断路器的介质绝缘恢复曲线如图 2-11 所示。

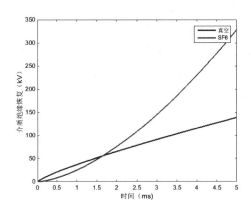

图 2-11　介质绝缘恢复曲线

2. 电抗器模型

电抗器额定电压为 35kV（37.5kV），额定容量为 10000kvar，星形连接，中性点不接地，按每相电感 0.38H 设定，绕组电阻取 1Ω。并联电抗器相间、相对地、匝间分布电容，干式空心电抗按 500pF 设定，油浸式电抗器按 1500pF 设定。

3. 连接电缆模型

在实际变电站中，电抗器的连接电缆多选用 YJV22-26/35kV 单芯电缆，实际铺设长度在 60 ～ 270m 之间，典型值取 100m。并联电抗器侧对地电容主要

由电缆提供，因此对于并联电抗器过电压仿真，电缆模型是关键。对于连续复燃高频暂态仿真，应兼顾高低频特性，因此选用频变模型（Frequency Dependent Model），对于 35kV 单芯 300mm² 交联聚乙烯电缆，其仿真参数如表 2-1 所示。

表2-1　35kV单芯300mm²交联聚乙烯电缆仿真参数

参数名称	参数值
缆芯半径	10.3mm
缆芯电阻率（铜）	$1.68 \times 10^{-8} \Omega \cdot m$
绝缘层半径	10.5mm
绝缘层相对介电常数	4.1
埋深	0.5m
土壤电阻率	$100\Omega \cdot m$
布置方式	水平布置
电缆相间距离	0.5m

电缆模型及布置方式如图 2-12 所示。中性点断路器由于安装空间问题可能也需要电缆引出，引出电缆参数参照表 2-1 和图 2-12 设置。

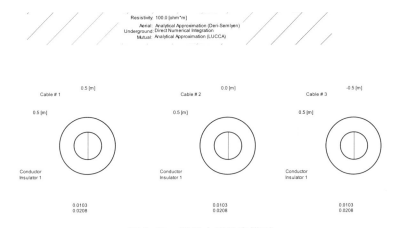

图2-12　连接电缆仿真模型

4. 避雷器模型

并联电抗器操作相对地过电压强度取决于避雷器限压水平。避雷器按照实际变电所在主变、母线及并联电抗器侧配置，型号选用 Y10W5-51/134，避雷器参数根据厂家提供的伏安特性设置。

5. 母线出线模型

根据《电力工程高压送电线路设计手册》，架空线线路根据截面积、几何均距的不同，电纳大致分布在 $2.3 \sim 3.1 \times 10^{-6} \Omega^{-1} \mathrm{km}^{-1}$ 范围内，即 $7.3 \sim 9.8 \mathrm{nF/km}$。获取出线长度，即可估算母线对地电容值。空母线对地电容设为 $0.01 \mu\mathrm{F}$。

6. PT

母线 PT 为一非线性电感，根据厂家提供的参数，其伏安特性曲线如图 2-13 所示。

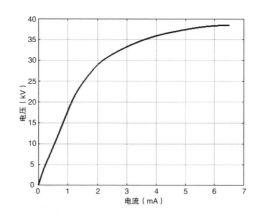

图 2-13　母线 PT 伏安特性曲线

2.2.3　开断并联电抗器操作过电压仿真研究

1. 典型系统配置下的过电压仿真

典型配置下，母线为空母线（$0.01 \mu\mathrm{F}$），电抗选择干式电抗器（杂散电容 500nF），原位置真空断路器投切（25kV/mm）。该配置下最容易产生操作过电压，作为其他工况和各种抑制措施的比较基准。在半个周波内（10ms）等间隔选择 100 个开断时间点进行开断并联电抗器仿真，计算母线侧三相及相间过电压电压峰值如图 2-14 所示。

在典型配置下，开断并联电抗器时复燃的概率是 93%。相对地峰值电压的最大值为 89.62kV，2% 统计电压为 103.78kV；相间峰值电压的最大值为 172.51kV，2% 统计电压为 208.78kV。可以看出，过电压情况非常严重，对设备绝缘会构成较大威胁。

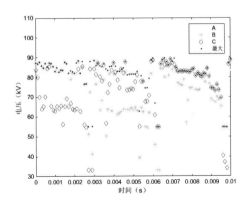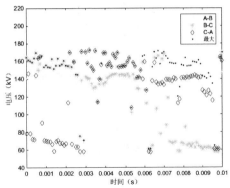

图2-14　典型配置下过电压峰值分布

首开相瞬态恢复电压波形（无复燃开断情况）如图 2-15 所示。瞬态恢复电压波形对复燃的影响主要有三点，其一是振荡峰值的大小；其二是电压恢复速度，即到达第一个峰值的时间，其三，是振荡的持续时间。由于电压恢复速度很快，达 317.8kV/ms，振荡峰值高达 96kV，振荡持续时间也长达 10ms。而对应的，燃弧时间最大值仅 3.3ms，介质绝缘恢复曲线躲过瞬态恢复电压峰值的概率是很低的。

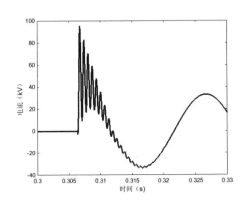

图2-15　瞬态恢复电压波形

从图 2-15 可知，7 次无复燃情况均是在燃弧时间接近 3.3ms 时发生的。分析表明，如能控制 35kV 真空断路器首开相燃弧时间超过一定数值，便可以保证介质绝缘恢复曲线和瞬态恢复电压波形不相交，从而杜绝了复燃。超过 3.3ms 的燃弧时间必须通过三相分相独立操作机构实现，通过控制断路器分闸时电压或电流的初相角来抑制断路器操作时所产生的复燃过电压。

2. 母线出线情况对过电压的影响

改变母线对地电容值从 0.01 ~ 0.5 μF，设置真空断路器灭弧室的绝缘强度为 25kV/mm，燃弧时间 1ms。仿真开断并联电抗器时的操作过电压波形，结果如表 2-2 所示。

表2-2　母线对地等值电容对开断并联电抗器过电压的影响

电容/μF	0.01	0.05	0.1	0.2	0.3	0.4	0.5
母线侧过电压倍数	2.48	1.93	2.69	2.57	1.61	2.56	2.05
电抗器过电压倍数	4.65	3.29	3.83	2.91	2.12	2.45	2.39
母线侧过电压倍数（相间）	2.49	2.66	2.81	2.85	2.75	2.85	2.85
电抗器过电压倍数（相间）	4.67	3.99	5.41	5.49	4.34	5.49	5.53
是否复燃	是	是	是	是	是	是	是
现象	续流开断	续流开断	等效截流	等效截流	续流开断	等效截流	等效截流

从表 2-2 中可以看出，随着母线对地电容增大，母线侧和电抗器侧相对地过电压呈降低趋势，但对相间过电压并无明显抑制作用。将空母线（0.01 μF）时和 0.5 μF 时的母线侧电压波形示于图 2-16。

可以看出，母线对地电容增大后，振荡频率降低，复燃对电压的影响明显减小。母线侧电容增大到 0.5 μF 时，母线侧过电压多是由波形畸变造成，等值振荡频率较低，危害也更小。母线带出线时采用真空断路器投切并联电抗器需重点关注相间过电压，特别是并联电抗器相间过电压。

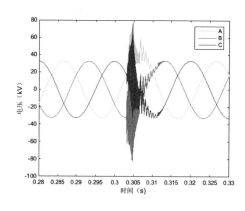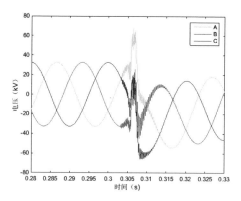

（a）当母线电容 0.01 μF 时　　　　　　（b）当母线电容 0.5 μF 时

图2-16　燃弧时间 1ms 开断时母线电压波形

3. 介质绝缘恢复特性对过电压的影响

仿真真空介质绝缘强度从 20 ~ 50kV/mm 时开断并联电抗器的操作过电压。在半个周波内（10ms）等间隔选择 100 个开断时间点进行开断并联电抗器仿真，计算母线侧三相及相间过电压电压峰值和 2% 统计电压如表 2–3 所示。

表2–3 断路器性能对母线侧过电压的影响

参数	相别	真空断路器（介质恢复强度 kV/mm）				
		20kV/mm	25kV/mm	30kV/mm	35kV/mm	50kV/mm
最大电压 /2% 统计电压（p.u.）	AB	5.11	5.19	5.05	5.04	5.04
		6.20	6.31	6.08	5.96	5.62
	BC	5.13	5.14	5.14	5.21	5.17
		6.26	6.15	6.07	5.93	5.46
	CA	5.16	5.22	5.20	5.20	5.17
		6.08	6.14	5.96	5.80	5.41
	A	2.71	2.71	2.67	2.65	2.71
		3.03	3.14	3.14	3.13	3.07
	B	2.70	2.67	2.67	2.69	2.72
		3.04	3.04	3.16	3.18	3.10
	C	2.68	2.69	2.69	2.68	2.68
		2.93	3.06	3.13	3.10	3.05
复燃率		99%	93%	78%	65%	44%

可以看出，随着介质恢复强度增大，复燃率明显下降，相间 2% 统计过电压也明显减小，但相间和相对地最大过电压则下降不明显。说明对于真空断路器，增大介质恢复强度可以减少复燃概率，但无法抑制最大过电压峰值。即一旦发生复燃，过电压就可能很高。

同样的开断时间选择，仿真 SF_6 断路器开断并联电抗器时的操作过电压。将真空断路器（25kV/mm）和 SF_6 断路器 100 次开断的母线最大相间电压峰值直方图示于图 2–17。

由于 SF_6 断路器起始介质绝缘恢复速度较真空断路器略慢，在开断并联电抗器时，仍有较大概率会出现复燃（87%）。但是由于 SF_6 介质绝缘恢复速度在 1.5ms 后上升迅速，复燃持续时间必然很短。在仿真中复燃 100% 均转续流开断或直接开断，未出现等效截流情况。由图 2-17 可知，SF_6 断路器在开断并联电抗器时产生足以造成绝缘损坏操作过电压的概率要远小于真空断路器。

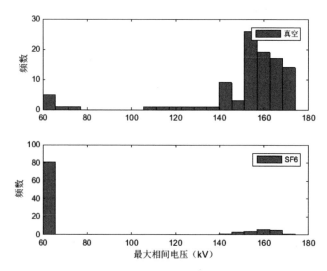

图2-17　100次开断最大相间电压直方图

4. 断路器投切位置对过电压的影响

断路器投切位置分为原位置断路器投切、前置断路器投切和中性点断路器投切。仿真计算三种断路器投切位置开断并联电抗器时，断口的瞬态恢复电压如图 2-18 所示。

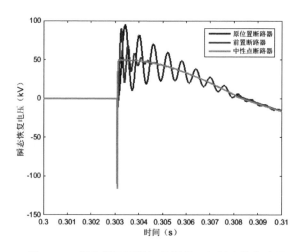

图2-18　断路器不同投切位置首开相瞬态恢复电压

从图中可以看出，原位置断路器投切时瞬态恢复电压最大，振荡阻尼也较小，振荡持续时间长。前置断路器投切时瞬态恢复电压减小，持续时间也缩短。而中性点断路器投切时，瞬态恢复过电压在一个极陡的脉冲后基本消失，恢复电压波形基本为工频电压。从恢复电压特性看，前置断路器和中性点断路器投切方式应对过电压有明显抑制作用。

仿真三种断路器投切位置开断并联电抗器的操作过电压。在半个周波内（10ms）等间隔选择 100 个开断时间点进行开断并联电抗器仿真，计算母线侧三相及相间过电压电压峰值和 2% 统计电压如表 2-4 所示。

表2-4　投切位置对母线侧过电压的影响

参数	相别	原位置断路器	前置断路器	中性点断路器
最大电压 2%统计电压 （p.u.）	AB	5.19	3.47	1.80
		6.31	3.22	1.82
	BC	5.14	3.39	1.80
		6.15	3.21	1.81
	CA	5.22	3.61	1.80
		6.14	3.18	1.82
	A	2.71	2.60	1.03
		3.14	2.33	1.04
	B	2.67	2.60	1.03
		3.04	2.51	1.04
最大电压 2%统计电压 （p.u.）	C	2.69	2.61	1.03
		3.06	2.38	1.04
复燃率		97%	57%	13%

由上表可以看出，前置断路器和中性点断路器对开断并联电抗器操作过电压均有抑制作用，且复燃率明显降低（中性点断路器投切方式瞬态恢复电压脉冲极短，无明显复燃电流则判断为无复燃，实际复燃率应略高）。仿真计算燃弧时间为 1ms，三种断路器投切位置投切时电压、电流波形及过电压倍数如表 2-5 和表 2-6 所示。

表2-5 三种投切位置母线侧、电抗器侧过电压和并联电抗器电流

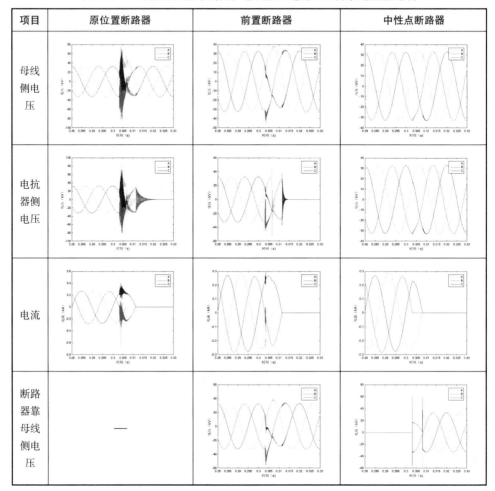

表2-6 断路器投切位置对母线侧和电抗器侧过电压倍数的影响

项目	原位置断路器	前置断路器	中性点断路器
母线侧过电压倍数	2.48	1.37	1.03
电抗器过电压倍数	2.48	1.70	1.03
母线侧过电压倍数（相间）	4.60	1.86	1.80
电抗器过电压倍数（相间）	4.58	2.27	1.80
是否复燃	是	是	否
现象	续流开断	续流开断	—

可以看出，前置断路器和中性点断路器投切方式对操作过电压具有很好的抑制作用。特别是中性点投切方式，几乎观察不到波形畸变。需要指出的是，前置断路器投切方式下，母线上的电压是经连接电缆滤波的。也就是说母线上过电压不大的情况下有可能断路器与连接电缆连接点的过电压会较高，条件允许的情况下可以在开关柜内该处增设一组避雷器。同样的，中性点断路器投切方式下电抗器上电压是经电抗器滤波的，在电抗器和中性点断路器之间可能产生过电压。在该位置产生陡脉冲对电抗器中性点处的匝间绝缘存在较大危害，因此必须加装一组避雷器。

前置断路器和中性点断路器开断方式一方面降低了断口的瞬态恢复电压及其上升速度，降低了复燃可能；另一方面利用了电缆的对地电容，以及电缆和并联电抗器对高频的过滤作用，可以有效降低开断并联电抗器时的操作过电压。在实际变电站中，并联电抗器中性点引出位置很有可能无足够空间放置一台断路器，因此有可能需要用电缆引出。在仿真中附加引出电缆，计算中性点断路器开断时的过电压。结果显示附加引出电缆对中性点断路器开断时的电压波形并无明显影响。

由于中性点断路器投切方式下瞬态恢复电压存在一个陡脉冲，且恢复电压直接上升至接近工频电压，故仍可能产生复燃，因此推荐选用 SF_6 断路器。

5. 过电压保护器（相间避雷器）对过电压的影响

过电压保护器实质相当于特殊结构的避雷器，两种典型的过电压保护器如图 2-19 所示。

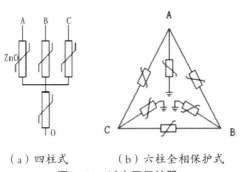

（a）四柱式　　　（b）六柱全相保护式

图 2-19　过电压保护器

在并联电抗器开断过程中若两相过电压极性相反，相间承受的电压会是相对地残压的两倍，容易发生相间绝缘事故。四柱式过电压保护器由 3 只相对地避雷器和 1 只中性点避雷器组成，而六柱全相式过电压保护器由 6 只避雷器构成互不干扰的三相相间保护和对地保护。组合式过电压保护器相对地和相间保护都是由氧化锌阀片相互串联构成的，可以满足相地和相间残压控制以及荷电率的要求。

过电压保护器一般安装在开关柜电抗器侧。在仿真中分别投入四柱式和六柱式过电压保护器，在半个周波内（10ms）等间隔选择100个开断时间点进行开断并联电抗器仿真，计算母线侧三相及相间过电压电压峰值，如图2-20和图2-21所示。

从图中可以看出，两种过电压保护器对过电压均有抑制效果，抑制效果相当。从图2-22的直方图中可以看出，六柱全相保护器抑制效果略优，投入四柱式过电压保护器后母线侧相间过电压强度仍可能达到160kV。六柱全相保护器可以将最大相间过电压抑制到150kV以下。

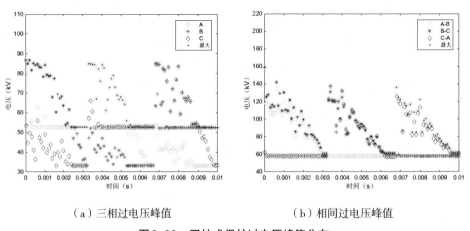

（a）三相过电压峰值　　　　　　（b）相间过电压峰值

图2-20　四柱式保护过电压峰值分布

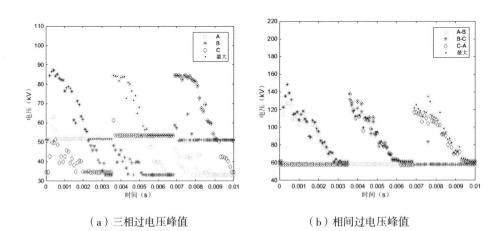

（a）三相过电压峰值　　　　　　（b）相间过电压峰值

图2-21　六柱全相保护过电压峰值分布

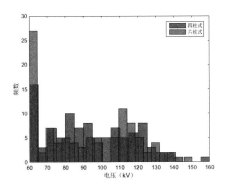

图2-22 投入过电压保护器100次开断最大相间电压直方图

仿真计算燃弧时间为 1ms，投入两种过电压保护器后开断时电压、电流波形及过电压倍数如表 2-7 和表 2-8 所示。

表2-7 投入过电压保护器后母线侧、电抗器侧过电压和并联电抗器电流

项目	四柱式	六柱式
母线侧电压	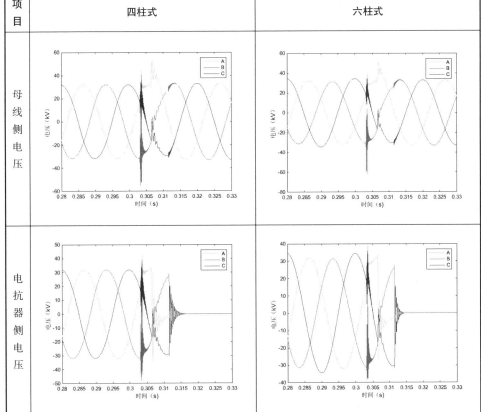	
电抗器侧电压		

项目	四柱式	六柱式
电流	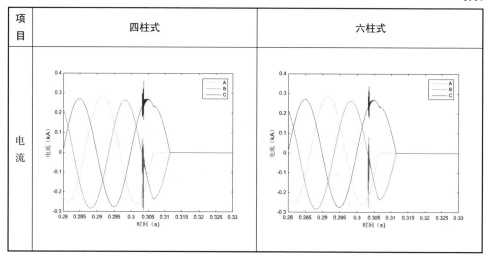	

表2-8 投入过电压保护器后母线侧和电抗器侧过电压倍数

项目	无保护	四柱式	六柱式
母线侧过电压倍数	2.48	1.66	1.87
电抗器过电压倍数	2.48	1.45	1.18
母线侧过电压倍数（相间）	4.60	2.65	2.89
电抗器过电压倍数（相间）	4.58	2.61	2.29

可以看出，两种过电压保护器对操作过电压均有明显的抑制作用，可以将过电压抑制为原来的40%～70%。四柱式保护器对母线侧过电压抑制略优，而六柱式过电压保护器对电抗器侧过电压抑制效果更为明显。

对于非全相保护的保护器，由于氧化锌阀片在侵入波发生后动作的非线性特性并不完美，残压不能满足相应要求。为了同时满足残压和荷电率要求，也有采用串并联间隙的方式布置氧化锌阀片，但这种结构使得动作电压分散性较大，在仿真中也不易实现。

工程中，开关柜中可能无足够空间安装成套的过电压保护器。因此，也可在原电抗器侧避雷器的基础上，加装3只相间避雷器，以抑制相间操作过电压。

仿真中在电抗器前端避雷器处投入3组相间避雷器，在半个周波内（10ms）等间隔选择100个开断时间点进行开断并联电抗器仿真，计算母线侧三相及相间过电压电压峰值，如图 2-23 所示。

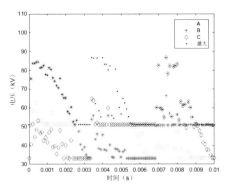

（a）母线相对地过电压峰值

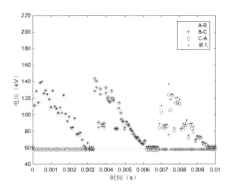

（b）母线相间过电压峰值

图 2-23　投入相间避雷器过电压峰值分布（上：母线相对地；下：母线相间）

可以看出，电抗器侧安装相间避雷器对母线过电压有抑制效果，抑制效果与六柱式全相保护器相当，可以将最大相间过电压抑制到 145kV 以下。

6. 阻容吸收器对过电压的影响

阻容吸收器由电阻和电容器串联而成，并联在线路中。增大的电容值一方面可以有效减小过电压的振荡频率，另一方面也可以分担部分过电压，可以同时抑制过电压的幅值与陡度。加入电阻则主要是为了加快振荡中的衰减过程，使得振荡电压值迅速衰减至零。

目前尚无专门针对阻容吸收器参数做出统一规定的国家标准或者电力行业标准，因此阻容吸收器的电容和电阻在不同的电压等级和不同的应用场合下如何取值尚无明确可靠的计算方法，进行保护效果比较。

为了比较不同参数装置的保护效果，对其安装在断路器母线侧和断路器负载侧的保护效果分别进行了仿真计算。

（1）断路器母线侧。

仿真计算燃弧时间为 1ms，断路器母线侧投入三种阻容吸收器后开断时过电压倍数如表 2-9 所示。

表 2-9　断路器母线侧投入阻容吸收器后母线侧和电抗器侧过电压倍数

项目	未投入	0.05 µF/100 Ω	0.05 µF/50 Ω	0.1 µF/100 Ω
母线侧过电压倍数	2.48	1.62	1.62	1.63
电抗器过电压倍数	2.48	1.23	1.23	1.23

项目	未投入	0.05μF/100Ω	0.05μF/50Ω	0.1μF/100Ω
母线侧过电压倍数（相间）	4.60	1.92	1.96	1.85
电抗器过电压倍数（相间）	4.58	1.84	1.88	1.83

可以看出，对于空母线开断并联电抗器，由于母线对地电容很小，在断路器母线侧投入阻容吸收器增大了母线电容和系统阻尼，对母线侧和电抗器侧的过电压都具有明显的抑制效果。三种阻容值配置的过电压抑制效果基本相当，电容值和电阻值较大时保护效果略优。

由于三种配置保护效果接近，仅示出 0.1μF/100Ω 配置的电压、电流波形，如图 2-24 和图 2-25 所示。

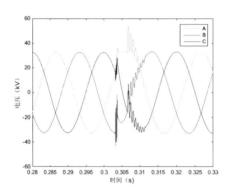 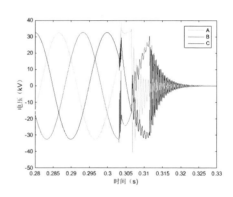

（a）母线侧电压波形　　　　　　　　（b）电抗器侧电压波形

图2-24　断路器母线侧投入阻容吸收器，燃弧时间1ms开断时电压波形

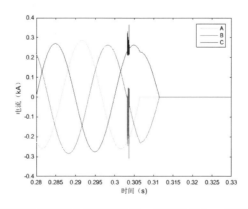

图2-25　断路器母线侧投入阻容吸收器，燃弧时间1ms开断时电流波形

可以看出断路器母线侧投入阻容吸收器对过电压的抑制效果明显。

（2）断路器负载侧。

仿真计算燃弧时间为 1ms，断路器负载侧投入三种阻容吸收器后开断时过电压倍数如表 2-10 所示。

表 2-10　断路器负载侧投入阻容吸收器后母线侧和电抗器侧过电压倍数

项目	未投入	0.05 μF/100 Ω	0.05 μF/50 Ω	0.1 μF/100 Ω
母线侧过电压倍数	2.48	1.63	1.78	1.84
电抗器过电压倍数	2.48	1.55	1.67	1.84
母线侧过电压倍数（相间）	4.60	2.72	2.83	3.39
电抗器过电压倍数（相间）	4.58	2.72	2.84	3.39

可以看出，对于空母线开断并联电抗器，由于母线对地电容很小，在断路器负载侧投入阻容吸收器增大了负载侧电容。增大负载侧电容可以降低瞬态恢复电压和振荡频率，但同时也增大了母线侧电容的分压比。因此，在负载侧投入阻容吸收器能够抑制过电压，但抑制效果远不如在母线侧投入阻容吸收器。电阻值较大时保护效果较优，仿真中 0.1 μF 阻容吸收器较 0.05 μF 阻容吸收器抑制效果更差，实际上电容值对过电压抑制效果的影响需结合原系统的电容分布综合评估。

表 2-11 示出了断路器负载侧投入阻容吸收器后母线侧、电抗器侧过电压和并联电抗器电流。

表 2-11　断路器负载侧投入阻容吸收器后母线侧、电抗器侧过电压和并联电抗器电流

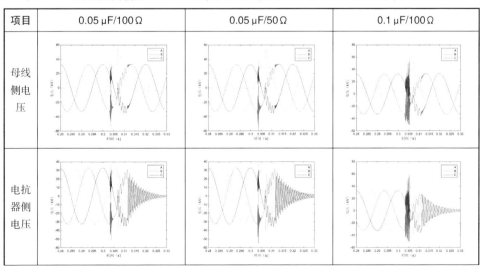

项目	0.05μF/100Ω	0.05μF/50Ω	0.1μF/100Ω
电流	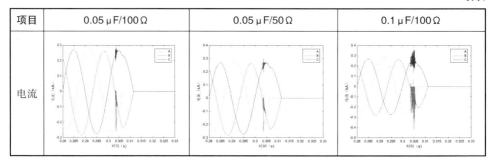		

2.2.4 仿真结论

选用PSCAD电磁暂态仿真软件，仿真了各种工况下开断35kV并联电抗器的过电压情况，并对比了各种过电压抑制措施的抑制效果。

（1）典型配置下开断时复燃的概率是93%，相间峰值电压的最大值为172.51kV，过电压情况非常严重，对设备绝缘已构成较大威胁。

（2）通过三相分相独立操作，控制断路器首开相燃弧时间超过一定数值，可以保证介质绝缘恢复曲线和瞬态恢复电压波形不相交，从而杜绝了复燃以及引发后两相等效截流，彻底治理真空断路器开断并联电抗器操作过电压。但分相控制的可靠性和控制精度等特性均无法在仿真中体现。

（3）增大母线对地电容，可以降低振荡频率，减小复燃对电压的影响。随着母线对地电容增大，母线侧和电抗器侧相对地过电压呈降低趋势，但对相间过电压并无明显抑制作用。母线带出线时采用真空断路器投切并联电抗器需重点关注相间过电压，特别是并联电抗器相间过电压。

（4）真空断路器复燃率较高，且复燃现象大概率会引发较大过电压。对于SF_6断路器，在开断并联电抗器时仍有较大概率会出现复燃（87%），但复燃持续时间短。在仿真中复燃100%均转续流开断或直接开断，未出现等效截流情况。SF_6断路器在开断并联电抗器时产生足以造成绝缘损坏操作过电压的概率要远小于真空断路器。

（5）前置断路器和中性点断路器投切方式对操作过电压具有很好的抑制作用。前置断路器投切时，在条件允许的情况下建议在开关柜内断路器与连接电缆连接点处增设一组避雷器。中性点断路器投切时，必须在电抗器和中性点断路器之间加装一组避雷器，抑制陡脉冲或高频振荡对电抗器中性点处匝间绝缘的危害，断路器类型建议选用SF_6断路器。附加引出电缆对中性点断路器开断时的电压波形无明显影响。

（6）过电压保护器对开断并联电抗器操作过电压有明显抑制效果，特别是六柱式全相过电压保护器，在仿真中的保护性能是现有产品中最优的。过电压保护器需要安装在开关柜内，在开关柜小型化设计要求下，对绝缘有潜在威胁。在室外电抗器侧加装相间避雷器对过电压的抑制效果与六柱式全相保护器相当，但要保证设备间足够绝缘距离。采用过电压保护器或相间避雷器抑制操作过电压时，若复燃持续时间较长，保护器需频繁泄放电流，对装置和开关柜内散热均提出了考验，该性能仿真中无法验证，需现场试验和挂网运行做决策支撑。

（7）对于空母线系统，在断路器母线侧投入阻容吸收器对母线侧和电抗器侧的过电压都具有明显的抑制效果，电容值和电阻值较大时保护效果略优；在断路器负载侧投入阻容吸收器也能够抑制过电压，但抑制效果远不如加装在母线侧。电阻值较大时保护效果较优，电容值对过电压抑制效果的影响需结合原系统的电容分布综合评估。与过电压保护器类似，阻容吸收器也需要考虑安装位置绝缘要求和散热等问题。

2.3　220kV变电站35kV并联电抗器现场投切试验

为明确开断并联电抗器过程中断路器复燃情况、母线侧和电抗器侧操作过电压情况，并验证各种现有过电压抑制措施的治理效果，选择几个典型的变电站，开展过电压实测工作。相应的系统配置特点和验证内容如表2-12所示。

表2-12　各测试变电站系统配置特点及需验证内容

系统配置特点	验证内容
空母线，油浸式电抗器，具备断路器前置投切条件（110kV、SF_6断路器），具备真空断路器和SF_6断路器投切对比条件	（1）验证断路器前置投切方式对过操作电压抑制效果； （2）验证SF_6断路器代替真空断路器对操作过电压抑制效果
母线带2条出线（合计约25.8km），油式电抗器，SF_6断路器投切	母线带出线系统操作过电压情况
空母线，具备中性点投切条件	验证中性点投切方式对操作过电压抑制效果
干式电抗器，母线带4条出线（合计约55.1km），具备电抗器侧相间避雷器投入条件	验证相间避雷器对操作过电压抑制效果

2.3.1 前置投切方式及 SF6 介质对操作过电压抑制效果验证

1. 测试系统方式

电抗器首端增设一组 110kV 断路器及相应保护的改造工作，其系统接线图如图 2-26 所示，改造现场图如图 2-27 所示。

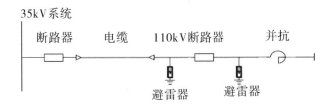

图 2-26 首端断路器改造接线图

图 2-27 电抗器首端开关改造现场图

一方面利用高电压等级断路器开距大、介质绝缘恢复快的特性，另一方面通过连接电缆增加断路器母线侧对地电容。同时，电抗器同时具备原断路器位置真空断路器和 SF6 断路器投切条件。

测试工作在 35kV II 段母线上，投切 #4 电抗器并监测过电压情况。系统接线方式为 #2 主变带 35kV II 段母线运行，35kV I 段母线为空母线（无 35kV 出线），#4 电抗器间隔一次主接线图如图 2-28 所示。

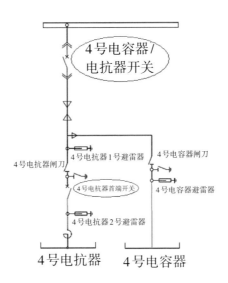

图2-28 #4电抗器间隔一次主接线

试验相关主要设备参数如表 2-13 所示。

表2-13 电抗器投切试验相关主要设备参数

名称	型号	主要参数
35kV #4电抗器	BKS-10000/35	油浸式，实测阻抗138.93Ω
35kV #4电容器/电抗器开关	ZN72-40.5	真空断路器，1600A，25kA
35kV #4电容器/电抗器SF₆开关	FP-40.5	SF₆断路器，1600A，25kA
#4电抗器前置开关	3AP1 FG-145kV	SF₆断路器，3150A，40kA
35kV #4电抗器开关柜内流变	—	1200/5
35kV #1电抗器#1避雷器	YH5WZS-53/134	额定电压53kV
35kV #1电抗器#1避雷器	YH5WZS-53/134	额定电压53kV
35kV I段母线避雷器	HY10WZ-51/131	额定电压51kV
#2主变35kV侧避雷器	HY10WZ-51/131	额定电压51kV
连接电缆	YJV22-26/35-1×400	约100m

2. 测试结果及分析

（1）选用前置断路器（110kV、SF₆）。

选用前置断路器（110kV、SF₆）对 #4 并联电抗器进行 14 次投切操作，第一次测试 10 次开断操作母线侧无明显过电压，第二次测试 4 次开断操作母线侧和电抗器侧过电压倍数如表 2-14 所示，过电压倍数均未超过允许值。

表2-14　前置断路器（110kV）开断#4并联电抗器母线侧和电抗器侧过电压情况（p.u.）

项目	1	2	3	4
母线侧过电压倍数	0.93	0.93	0.94	0.93
电抗器过电压倍数	1.74	1.73	1.70	1.66
母线侧过电压倍数（相间）	1.55	1.54	1.55	1.55
电抗器过电压倍数（相间）	1.95	2.09	2.03	2.15

#4 电抗器 #1 避雷器、#2 避雷器、#2 主变 35kV 侧避雷器和 35kV II 段母线避雷器均未动作。开断过程中均未记录到明显过电压波形，从电流信号也未发现断路器复燃、重燃等现象。

（2）原位置 SF_6 断路器。

选用原位置 SF_6 断路器对 #4 电抗器开展 10 次投切操作。10 次开断操作母线侧和电抗器侧过电压倍数如表 2-15 所示。

表2-15　原位置SF_6断路器开断#4并联电抗器母线侧和电抗器侧过电压情况（p.u.）

项目	1	2	3	4	5	6	7	8	9	10
母线侧过电压倍数	1.38	1.50	1.58	2.57	1.41	1.50	2.76	1.65	1.44	1.46
电抗器过电压倍数	1.46	1.88	1.69	2.00	1.73	1.86	2.13	1.99	1.68	2.34
母线侧过电压倍数（相间）	1.54	1.86	2.54	2.83	1.67	1.91	3.99	2.60	1.90	1.54
电抗器侧过电压倍数（相间）	2.59	2.73	2.82	2.91	2.79	2.71	2.81	2.73	2.89	3.21
是否复燃	否	是	是	是	是	是	是	是	是	否
现象	—	续流	续流	续流	续流	续流	续流	开断	续流	—

10 次开断过程过电压均未超允许值。#4 电抗器 #1 避雷器、#2 避雷器、#2 主变 35kV 侧避雷器、35kV II 段母线避雷器均未动作。10 次开断过程中 8 次出现复燃，其中 1 次电流直接开断，7 次转续流后开断，未出现等效截流现象。如图 2-29 所示为第 7 次开断过程电压、电流波形。

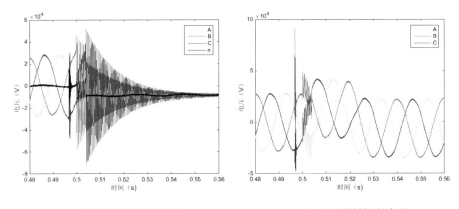

（a）电抗器侧暂态电压波形　　　　　　　（b）母线侧暂态波形

图2-29　原位置SF₆断路器第7次切电抗试验暂态电压波形

从图 2-30 暂态电流波形中可以看出，断路器收到分闸指令后 C 相电流首先过零并出现复燃现象，A、B 两相感应了复燃高频电流。复燃时间很短，仅 0.7ms，监测到断口重击穿 4 次。C 相电流未顺利开断转续流，随后 B 相电流过零顺利开断。从图 2-29 能观察到明显的复燃现象，由于段母线无出线，因此复燃产生的过电压主要体现在母线侧，母线侧过电压倍数相对较高。但由于 SF₆ 断路器介质恢复速度很快，因此复燃时间很短，未导致超过允许值的过电压。

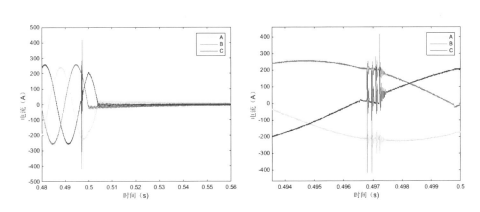

图2-30　原位置SF₆断路器第7次切电抗试验暂态电流波形

（3）原位置真空断路器。

选用原位置真空断路器对 #4 电抗器开展 4 次投切操作。4 次开断操作母线侧和电抗器侧过电压倍数如表 2-16 所示（第一次测试 2 次开断操作未记录电抗器侧电压）。

表2-16 原位置真空断路器开断#4并联电抗器母线侧和电抗器侧过电压情况（p.u.）

项目	1	2	3	4
母线侧过电压倍数	约2.46	约1.58	4.12	3.40
电抗器过电压倍数	—	—	2.94	2.96
母线侧过电压倍数（相间）	—	—	4.56	4.16
电抗器过电压倍数（相间）	—	—	5.79	5.81
是否复燃	是	否	是	是
现象	开断	—	等效截流	续流

4次开断中后2次电抗器相间过电压均超允许值，母线相对地和相间过电压数值可观。第3、4次开断时#4电抗器#1避雷器、#2避雷器三相均动作，第4次开断时#2主变35kV侧避雷器C相也动作。4次开断过程中3次出现复燃，其中1次电流直接开断，1次转续流后开断，还有1次等效截流。如图2-31所示为第3次开断过程电压、电流波形。

从图2-32暂态电流波形中可以看出，断路器收到分闸指令后A相电流首先过零并出现复燃现象，B、C两相感应了复燃高频电流。复燃时间较长，达3.5ms，覆盖下一个过零点，复燃造成B、C相等效截流开断。从图2-31能观察到明显的复燃现象，由于母线无出线，因此复燃产生的过电压主要体现在母线侧，且复燃持续时间很长，导致较高的过电压和避雷器动作。

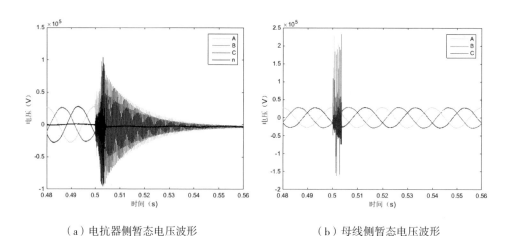

（a）电抗器侧暂态电压波形　　　　　　（b）母线侧暂态电压波形

图2-31 原位置真空断路器第3次切电抗试验暂态电压波形

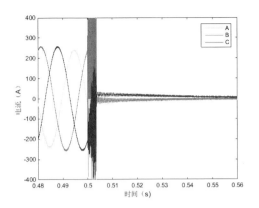

图2-32 原位置真空断路器第3次切电抗试验暂态电流波形

如图2-33所示为第4次开断过程电压、电流波形。从图2-34暂态电流波形中可以看出，断路器收到分闸指令后C相电流首先过零并出现复燃现象，A、B两相感应了复燃高频电流。复燃持续时1.7ms后转续流，随后B相电流过零顺利开断。从图2-33能观察到明显的复燃现象且电压波形畸变明显。同第3次开断的情况，复燃产生的过电压主要体现在母线侧。

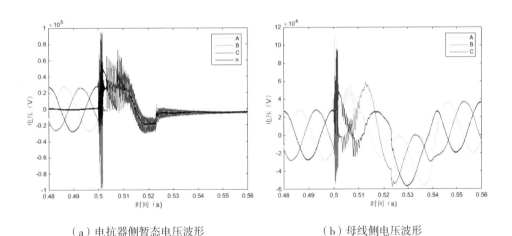

（a）电抗器侧暂态电压波形   （b）母线侧电压波形

图2-33 原位置真空断路器第4次切电抗试验暂态电压波形

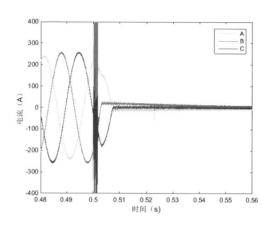

图2-34 原位置真空断路器第4次切电抗试验暂态电流波形

3. 测试小结

对比了原位置真空断路器、原位置SF₆断路器和前置断路器（110kV）投切空母线上并联电抗器的过电压及电流情况。

（1）采用原位置真空断路器开断并联电抗器，有很大概率会出现复燃，试验中记录到1次等效截流现象。母线侧最大过电压倍数（相间）为4.56p.u.，电抗器侧最大过电压倍数（相间）为5.81p.u.。连接母线的#2主变35kV侧避雷器和连接电抗器的避雷器均有动作，过电压情况非常严重。

（2）采用原位置SF₆断路器开断并联电抗器，仍有很大概率会出现复燃，10次开断中有8次可以观察到复燃现象。但由于SF₆介质绝缘恢复速度快，复燃时间均很短，复燃电流直接开断或转续流开断，未监测到等效截流现象。母线侧最大过电压倍数（相间）为3.99p.u.，电抗器侧最大过电压倍数（相间）为3.21p.u.，避雷器未动作。

（3）采用前置SF₆断路器（110kV）开断并联电抗器，未监测到明显的截流和复燃现象，避雷器也均未动作。针对4套管引出的35kV油浸式并联电抗器（即不具备中性点引出条件），该配置方式具有借鉴意义。

2.3.2 母线带出线对操作过电压抑制效果验证

1. 测试系统方式

系统运行方式如图2-35所示。35kVⅠ、Ⅱ段配电装置采用户内布置，采用单母线分段接线、单列布置，每段母线二回线路出线。#1主变35kV侧带Ⅰ段母线运行，35kV 母分开关热备用，35kV #1 电抗器接于 35kV I 段母线，#1 电抗器、#2 电容器均退出 AVC 闭环控制，#2 电容器改非正常运行方式（断路器合闸、闸刀分闸，用于母线电压监测）。具备原断路器位置 SF₆ 断路器投切条件。

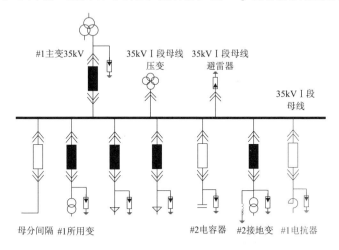

图2-35 35kV I 段母线运行方式

试验相关主要设备参数如表2-17 所示。

表2-17 电抗器投切试验相关主要设备参数

名称	型号	主要参数
35kV #1 电抗器	BKS-10000/35	油浸式，实测阻抗 138.71Ω
35kV #1 电抗器开关	SF2-40.5	SF₆ 断路器
35kV #1 电抗器避雷器	YH5WZS-53/134	额定电压 53kV
35kV I 段母线避雷器	HY10WZ-51/131	额定电压 51kV
35kV #1 电抗器开关柜内流变	LZZBJ9-35	变比 400/5
连接电缆	YJV-26/35-1×400	约 100m

2. 测试结果及分析

用原位置 SF₆ 断路器对 #1 电抗器进行 10 次投切操作，10 次投切操作母线侧和电抗器侧过电压倍数如表2-18 所示，均无过电压。

表2-18 原位置SF₆断路器开断#1并联电抗器母线侧和电抗器侧过电压情况（p.u.）

项目	1	2	3	4	5	6	7	8	9	10
母线侧过电压倍数	0.93	0.93	0.93	0.93	0.93	0.93	0.93	—	0.92	0.93
电抗器过电压倍数	1.90	2.33	1.92	2.33	1.93	2.35	2.34	—	1.91	1.93

#1 电抗器避雷器、#1 主变 35kV 侧避雷器、35kV I 段母线避雷器均未动作。分闸过程中均未记录到明显过电压波形，从电流信号也未发现断路器复燃、重燃等现象，如图 2-36 和图 2-37 所示为第 6 次分闸过程电压、电流波形。

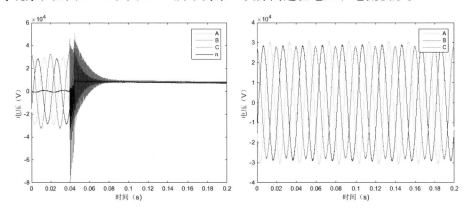

（a）电抗器侧暂态电压波形　　　　　　　（b）母线侧暂态电压波形

图2-36　原位置SF$_6$断路器第6次切电抗试验暂态电压波形

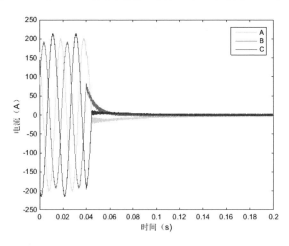

图2-37　原位置SF$_6$断路器第6次切电抗试验暂态电流波形

从图 2-37 暂态电流波形中可以看出，断路器收到分闸指令后 B 相电流首先过零（钳型电流传感器原因，波形存在衰减过程）顺利开断，电流开断后还存在一定振荡波形。从图 2-36 可以看出开断过程在电抗器上出现振荡过电压，但其幅值并不大，在设备绝缘承受范围内。

3. 测试小结

35kV I 段母线保持带 2 条线路出线运行，选用 SF$_6$ 断路器投切并联电抗器，电抗器 10 次开断过程中，未发现断路器复燃和过电压情况。35kV I 段母线等值电容约 0.23 μF（出线总长度约 25km），在此系统配置下可继续保持带出线运行方式下 AVC 控制投切。

2.3.3　中性点投切方式对操作过电压抑制效果验证

1. 测试系统方式

35kV I、II 段配电装置采用户内布置，采用单母线分段接线。#1 主变 35kV 带 I 段母线运行，35kV 母分开关热备用，35kV 电抗器 3A03 接于 35kV I 段母线，35kV I 段母线无出线，电容器 3A01、3A02 和电抗器 3A03 均退出 AVC 闭环控制，电容器 3A01、3A02 改非正常运行方式（断路器合闸、闸刀分闸，用于母线电压监测）。电抗器 3A03 具备中性点断路器位置 SF$_6$ 断路器投切条件。如图 2-38 所示。

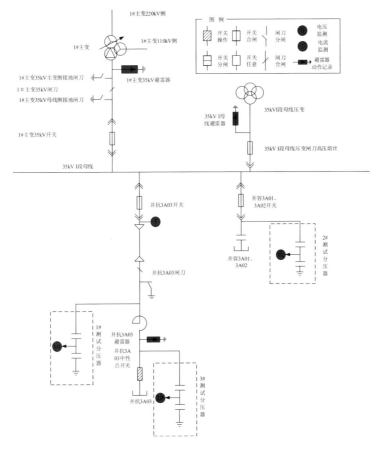

图 2-38　35kV I 段母线运行方式

试验相关主要设备参数如表2-19所示。

表2-19　电抗器投切试验主要设备参数

名称	型号	主要参数
35kV电抗器3A03	BKGKL-3334/35W	干式，实测阻抗122
35kV电抗器3A03中性点断路器	GL-107-F1	SF_6断路器，40.5/1600、31.5kA
35kV电抗器3A03开关柜内流变	LZZBJ9-36/250W	1200/5
35kV I段母线避雷器	YH5WZ-51/134W	额定电压51kV
#1主变35kV侧避雷器	Y10W5-51/120	额定电压51kV
电抗器3A03避雷器	Y10W-51/120W	额定电压51kV
电抗器3A03中性点避雷器	YH10W-51/131	额定电压51kV
电抗器3A03连接电缆	YJV-22/35	98m

2. 测试结果及分析

选用中性点SF_6断路器对电抗器3A03开展10次投切操作。10次开断操作母线侧、电抗器侧和电抗器中性点过电压倍数如表2-20所示，过电压倍数均未超过允许值。

表2-20　中性点SF_6断路器开断并联电抗器3A03母线侧、电抗器侧和电抗器中性点过电压情况（p.u.）

项目	1	2	3	4	5	6	7	8	9	10
母线侧过电压倍数	0.88	0.87	0.87	0.87	0.87	0.87	0.88	0.87	0.88	0.87
电抗器过电压倍数	0.90	0.90	0.92	0.91	0.90	0.89	0.90	0.89	0.91	0.90
电抗器中性点过电压倍数	1.86	1.76	1.92	1.87	1.67	1.76	1.87	1.81	1.77	1.76
母线侧过电压倍数（相间）	1.51	1.49	1.48	1.48	1.49	1.49	1.48	1.48	1.48	1.48
电抗器过电压倍数（相间）	1.51	1.49	1.50	1.49	1.48	1.49	1.48	1.48	1.49	1.49
电抗器中性点过电压倍数（相间）	3.54	3.50	3.75	3.41	3.14	3.39	3.57	3.62	3.45	3.37

电抗器3A03避雷器、电抗器3A03中性点避雷器、#1主变35kV侧避雷器和35kV I段母线避雷器均未动作。分闸过程中均未记录到明显过电压波形，从电流信号也未发现断路器复燃现象。如图2-39、图2-40和图2-41所示为第3

次中性点SF₆断路器开断电抗时电压、电流波形。

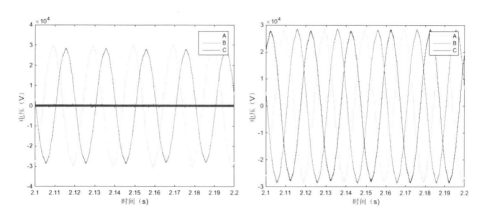

（a）电抗器侧暂态电压波形 （b）母线侧暂态电压波形

图2-39 中性点SF₆断路器第3次切电抗试验暂态电压波形

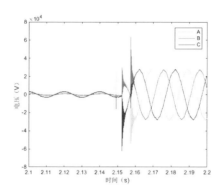

图2-40 中性点SF₆断路器第3次切电抗试验中性点暂态电压波形

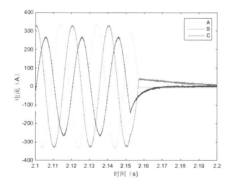

图2-41 中性点SF₆断路器第3次切电抗试验暂态电流波形

需要说明的是，由于电抗器侧电压 C 相线盘断线，现场试验中未采集到信号，且由于中性点断路器疑似存在合闸接触电阻，C 相中性点稳态电压偏大而电流偏小。从图中可以看出，开断过程中母线侧电压和电抗器侧电压均未出现畸变，未造成过电压。值得指出的是，开断过程在电抗器中性点产生了一定程度的振荡过电压。结合表 2-21 可以看出，相对地过电压在 1.67 ~ 1.92p.u. 之间，相间过电压在 3.14 ~ 3.75p.u. 之间，数值较原位置断路器开断时电抗器侧过电压倍数更大，图 2-40 中过渡过程的振荡频率为 8.75kHz，也高于原位置断路器开断时电抗器侧电压振荡频率（约 1.83kHz）。

3. 测试小结

实测了采用中性点断路器投切并联电抗器的过电压和电流情况。

（1）中性点 SF_6 断路器开断并联电抗器 10 次，未发现断路器复燃和明显操作过电压现象，母线侧和电抗器侧电压无明显畸变，各侧避雷器均未动作。

（2）开断过程中，电抗器中性点产生了一定程度的振荡过电压。相对地过电压在 1.67 ~ 1.92p.u. 之间，相间过电压在 3.14 ~ 3.75p.u. 之间，数值较原位置断路器开断时电抗器侧过电压倍数更大，振荡频率为也高于原位置断路器开断时电抗器侧电压振荡频率。在该位置产生陡脉冲振荡对电抗器中性点处的匝间绝缘存在较大危害，因此必须加装一组避雷器。

2.3.4 相间避雷器对操作过电压抑制效果验证

1. 测试系统方式

35kV I、II 段配电装置采用户内布置，35kV I、II 段母线经 35kV 母分开关并列运行。#1 主变 35kV 带 I 段母线运行，#1 电抗器、#1 电容器、#1 补偿变、#1 主变 35kV 开关处运行；#2 主变 35kV 带 II 段母线运行，#2 主变 35kV 开关、#2 补偿变、#2 电容器处运行，#2 电抗器处检修。#1、#2 电容器和 #1 电抗器均退出 AVC 闭环控制，#1、#2 电容器改非正常运行方式（断路器合闸、闸刀分闸，用于母线电压监测）。在 #1 电抗器户外避雷器间隔下方增设相间避雷器，具备相间避雷器退出和投入两种投切条件。相间避雷器实物图如图 2-42 所示。35kV I II 段母线运行方式如图 2-43 所示。

试验相关主要设备参数如表 2-21 所示。

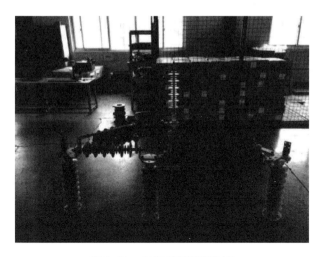

图2-42 相间避雷器实物图

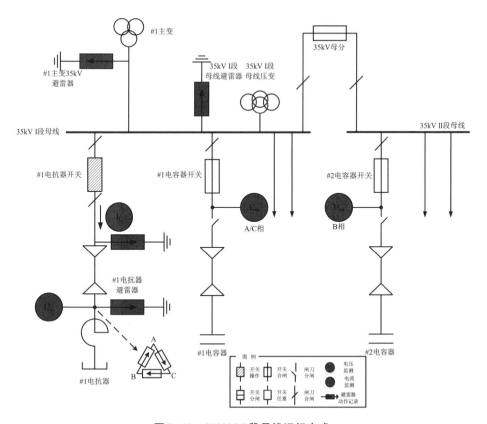

图2-43 35kVⅠⅡ段母线运行方式

表2-21　电抗器投切试验主要设备参数

名称	型号	主要参数
35kV #1电抗器	BKK-3334/35	干式空心，125.97Ω
35kV #1电抗器断路器	VB-40.5/T1600	真空，额定电流1600A
35kV #1电抗器开关柜内流变（计量）	LZZBJ9-36/250W2G1	变比600/5
35kV I段母线避雷器	YH10WZ-51/134Q	额定电压51kV
#1主变35kV侧避雷器	Y10W-51/134W	额定电压51kV
#1电抗器避雷器（柜内）	YH10WZ-51/134Q	额定电压51kV
#1电抗器避雷器（户外）	YH5WZ-51/134W	额定电压51kV
#1电抗器连接电缆	YJV-22/35	100m

2. 测试结果及分析

（1）相间避雷器未投入。

相间避雷器未投入时对#1电抗器开展10次投切操作。10次开断操作母线侧、电抗器侧过电压倍数如表2-22所示，电抗器侧过电压倍数最大为6.15p.u.，超过允许值。

表2-22　相间避雷器未投入时开断#1电抗器母线侧、电抗器侧过电压情况（p.u.）

项目	1	2	3	4	5	6	7	8	9	10
母线侧过电压倍数	0.90	0.89	0.90	1.30	0.90	0.93	1.18	0.90	0.89	0.95
电抗器过电压倍数	2.00	1.83	1.77	3.39	1.82	2.44	3.22	1.99	1.80	2.22
母线侧过电压倍数（相间）	1.53	1.53	1.54	1.80	1.53	1.53	1.76	1.53	1.54	1.53
电抗器过电压倍数（相间）	2.01	1.97	1.93	6.15	1.97	2.63	6.05	2.00	1.95	3.57
是否复燃	否	否	否	是	否	是	是	否	否	是
现象	—	—	—	等效截流	—	续流开断	等效截流	—	—	续流开断

第4、7次开断时，柜内和户外的#1电抗器避雷器三相均动作，#1主变35kV侧避雷器和35kV I段母线避雷器在10次投切过程中均未动作。10次开断过程中4次出现复燃，其中2次转为续流开断，2次等效截流。如图2-44和图2-45所示为第4次开断电抗时电压、电流波形。

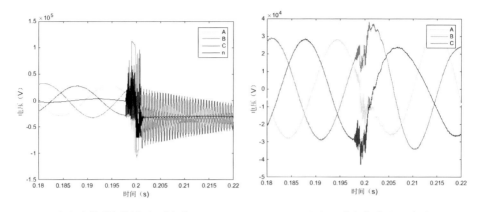

（a）电抗器侧暂态电压波形　　　　　（b）母线侧暂态电压波形

图2-44　相间避雷器未投入时第4次切电抗试验暂态电压波形

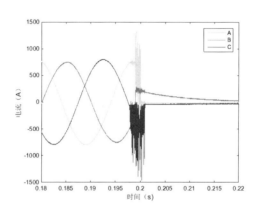

图2-45　相间避雷器未投入时第4次切电抗试验暂态电流波形

从图2-45中可以看出，第4次开断C相电流首先过零，开断过程出现了明显的复燃现象且持续时间长达3ms，A、B两相等效截流，A相电流几乎是在正峰值处截流。图2-44电抗器侧电压可以看出过渡过程中由于复燃和等效截流现象存在，振荡非常明显，且造成的过电压很大，三相暂态电压峰值均超过100kV，因此造成三相避雷器动作。图2-44母线侧电压存在一定畸变，但由于母线上出线有3条，故而过电压并不大。

（2）相间避雷器投入。

相间避雷器投入时对#1电抗器开展9次投切操作。9次开断操作母线侧、电抗器侧过电压倍数如表2-23所示，过电压倍数均未超过允许值。

表2-23 相间避雷器投入时开断#1电抗器母线侧、电抗器侧过电压情况（p.u.）

项目	1	2	3	4	5	6	7	8	9
母线侧过电压倍数	0.97	0.91	1.02	0.91	0.91	0.91	0.92	0.92	1.03
电抗器过电压倍数	3.13	2.02	2.80	1.76	2.03	1.86	1.91	1.75	3.00
母线侧过电压倍数（相间）	1.71	1.55	1.69	1.53	1.53	1.54	1.53	1.53	1.86
电抗器过电压倍数（相间）	3.69	2.03	3.39	1.93	2.04	2.01	2.02	1.93	3.41
是否复燃	是	否	是	否	否	否	否	否	是
现象	续流开断	—	续流开断	—	—	—	—	—	续流开断

第1次开断时，柜内#1电抗器避雷器B相动作，户外#1电抗器避雷器A、B两相动作；第3、9次开断时，柜内和户外的#1电抗器避雷器C相动作；9次开断过程中#1主变35kV侧避雷器和35kV I段母线避雷器均未动作，3次出现复燃，均转为续流开断。试验中同步开展了红外测温带电检测，相间避雷器在连续投切过程中并无发热现象。如图2-46和图2-47所示为第1次开断电抗时电压、电流波形。

从图2-47中可以看出，第1次开断C相电流首先过零，开断过程出现了明显的复燃现象。AB和BC相间电压过大导致相间避雷器动作，复燃电流通过相间避雷器泄放故而未造成持续复燃。B相电流过零后顺利开断，随后A、C相开断。图2-46电抗器侧B相在暂态过程中有持续性的过电压，造成两组避雷器均动作，C相在过渡过程中存在瞬时的过电压脉冲，因此造成户外避雷器（靠近电抗器）动作。母线侧电压存在一定畸变，但由于母线上出线有3条，故而过电压并不大。

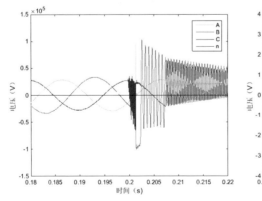

（a）电抗器侧暂态电压波形

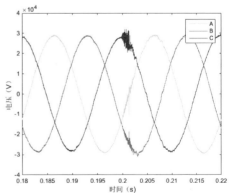

（b）母线侧暂态电压波形

图2-46 相间避雷器投入时第1次切电抗试验暂态电压波形

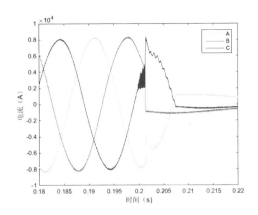

图2-47 相间避雷器投入时第1次切电抗试验暂态电流波形

3. 测试小结

实测了投入相间避雷器投切并联电抗器的过电压和电流情况。

（1）相间避雷器未投入开断并联电抗器10次，4次出现复燃，其中2次转为续流开断，2次等效截流且引起柜内和户外三相避雷器动作。电抗器侧相对地最大过电压3.39p.u.，相间最大过电压6.15p.u.；母线侧相对地最大过电压1.30p.u.，相间最大过电压1.80p.u.。

（2）相间避雷器投入开断并联电抗器9次，3次出现复燃，但均转为续流开断。电抗器侧相对地最大过电压3.13p.u.，相间最大过电压3.69p.u.；母线侧相对地最大过电压1.03p.u.，相间最大过电压1.86p.u.。电抗器侧相间电压成功被相间避雷器抑制到残压（140kV）以下，母线侧由于试验时出线过多，无法验证相间避雷器的抑制效果。

（3）试验中同步开展了红外测温带电检测，相间避雷器在连续投切过程中并无发热现象。

2.3.5 现场测试总结

在几个典型的变电站开展投切并联电抗器过电压测试工作，实测了空母线原位置真空断路器开断、空母线原位置SF₆断路器开断、空母线前置SF₆断路器（110kV）、空母线中性点断路器开断、母线带出线情况下原位置真空断路器开断、电抗器侧加装相间避雷器等系统配置方式下的过电压情况，验证了各种过电压抑制手段的实际效果，如表2-24所示。

表2-24 各系统配置方式下过电压情况

母线出线 配置方式	断路器配置方式	母线侧最大过电压 （相间）	电抗器侧最大过 电压（相间）
空母线	原位置真空断路器	4.56	5.81
空母线	原位置SF₆断路器	3.99	3.21
空母线	前置SF₆断路器（110kV））	1.55	2.15
空母线	中性点SF₆断路器	1.51	1.51（3.75）*
3条出线（总长度 53.1km）	真空断路器，电抗器侧加装 相间避雷器	1.86	3.69
3条出线（总长度 53.1km）	真空断路器，干抗	1.80	6.15
2条出线（总长度 25km）	原位置SF₆断路器	1.54	2.27

（1）原位置SF₆断路器开断并联电抗器仍有较大概率出现复燃，但复燃电流均直接开断或转续流开断，对空母线情况下过电压有较好抑制作用，试验中避雷器均未动作。杭州公司SF₆断路器运行于空母线系统共31台，同样未发生投切电抗器引起的设备异常。非空母线情况下采用原位置SF₆断路器开断并联电抗器则不再会产生明显的复燃和过电压情况，此系统配置下可投入AVC控制投切。

（2）前置断路器（110kV、SF₆）开断并联电抗器对空母线情况下过电压抑制效果明显，亦无明显截流和复燃现象，避雷器也均未动作。针对4套管引出的35kV油浸式并联电抗器（即不具备中性点引出条件），该配置方式具有借鉴意义。

（3）中性点断路器投切（SF₆）开断并联电抗器对母线侧和电抗器侧的过电压抑制效果均非常明显，试验中未出现复燃和过电压，避雷器也均未动作。需要指出的是开断过程会导致电抗器中性点振荡过电压。过电压数值较原位置断路器开断时电抗器侧过电压倍数更大，振荡频率为也更高，对电抗器中性点处的匝间绝缘存在较大危害，必须加装一组避雷器。

（4）母线带出线对母线侧过电压有一定抑制效果，但电抗器侧过电压仍较大，依然存在过电压风险。实测中电抗器侧最大相间过电压5.96p.u.，超过允许值。

（5）相间避雷器对电抗器侧电压有明显抑制作用，且连续投切过试验程中并无发热现象，对空母线时母线过电压的抑制效果尚需进一步试验验证，结合原位置SF₆断路器应能有效抑制过电压。

3 选相开关选型与试验技术

3.1 选相操作抑制操作过电压

3.1.1 选相策略

在真空开关开断电感性负载的过程中，产生多次重燃过电压和三相同时开断过电压的根本原因是开断过程中的电弧重燃，消除了电弧重燃，就可以根本地消除这两种形式的过电压。选相操作是消除电弧重燃的有效方法。

图 3-1 显示了真空开关开断过程中电弧重燃的条件。图中，t_1 时刻发出了真空开关开断指令，经过延时时间（t_2-t_1），真空开关开始触头机械分离，t_2 称为触头刚分时刻；t_2 时刻以后，触头间隙燃弧，触头开距不断增大；t_3 时刻，工频电流接近零点，发生截流，真空电弧熄灭；t_3 时刻以后，触头间隙两端出现恢复电压，与此同时，真空触头间隙的弧后介质强度快速恢复；在恢复电压作用下，真空开关触头间隙是否发生电弧重燃，取决于恢复电压上升速度和幅值以及触头弧后介质的恢复速度和强度，当弧后介质强度大于恢复电压时则不会发生电弧重燃，否则发生电弧重燃。

在真空开关电感性电流开断中，如果不考虑弧后介质恢复速度的影响（真空开关具有很快的介质恢复速度），则弧后介质强度是触头开距的函数，即也是燃弧时间的函数。在图 3-1 中，假设弧后介质强度随燃弧时间（t_3-t_2）线性增加，可以看到，如果燃弧时间（t_3-t_2）足够长，则恢复电压出现时的触头开距将足够大，弧后介质强度将足够高，能够耐受住恢复电压，不会发生电弧重燃。显然，存在一个临界燃弧时间 T_C，当燃弧时间（t_3-t_2）大于 T_C 时，能够保证弧后介质强度大于可能出现的最大恢复电压。在工频电流被开断的半个工频相位区间内，以 T_C 为界，可分为"无重燃相位区间"和"可能重燃相位区间"，当真空开关触头刚分时刻处在无重燃相位区间内时，可以完全避免电弧重燃。

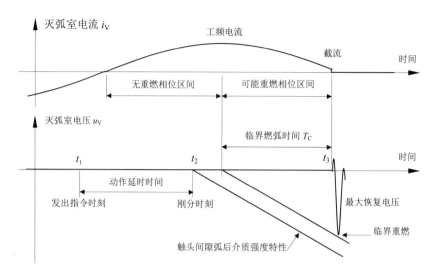

图3-1 真空开关电弧重燃的条件和选相操作避免电弧重燃

在真空开关开断电感性负载中，通过选相操作抑制操作过电压，其选相策略是：无论是首相开断或后两相开断，分别控制真空开关的首相开断和后两相开断的刚分时刻，使其落在无重燃相位区间，避免开断过程中的电弧重燃，从而避免重燃诱发的多次重燃过电压和三相同时开断过电压。

3.1.2 选相操作的影响因素

选相操作的准确性和可靠性主要受以下影响因素。

1. 最大可能恢复电压

在选相操作的参数配合中，需要首先评估真空开关可能出现的最大恢复电压。最大恢复电压 U_{F-max} 与负载电感 L_F、负载端口等效电容 C_F、最大截流值 I_{CH-max} 和电源电压幅值 U_{SM} 等参数相关，忽略恢复电压的振荡衰减，最大恢复电压幅值可估算为

$$U_{F-max} = U_{SM} + \sqrt{U_{SM}^2 + \frac{L_F}{C_F}I_{CH-max}^2} \qquad (3-1)$$

实际电路条件变化复杂，不同型号真空开关具有不同的截流特性，且截流特性具有统计特性，因此实际的恢复电压会有比较大的变化范围。在选相操作中，应该依据可能出现的最大恢复电压。显然，在选相操作中，继续采取避雷器和阻容吸收器等限制过电压和恢复电压的措施，对于提高选相操作的可靠性也是十分有利的。

2. 分闸速度和弧后介质强度特性

真空开关触头间隙的弧后介质强度和弧后介质恢复速度表示两个不同的特性。触头间隙的弧后介质恢复速度表示触头间隙由金属蒸汽电弧等离子体状态恢复到绝缘状态的速度，即真空电弧扩散和消失的速度，根据参考文献，真空介质恢复时间约为数十 μs 量级。真空开关弧后介质强度特性指触头间隙电弧消散和介质恢复以后的击穿电压随触头开距（或随燃弧时间）变化的特性。

当恢复电压上升速度显著小于真空开关触头间隙的弧后介质恢复速度时，可以忽略弧后介质恢复时间对电弧重燃的影响，此时的弧后介质强度主要取决于触头开距，因此也就取决于真空开关的分闸速度。参见图 3-1，在工频电流被开断的半个工频周期内，如果真空开关分闸速度足够快，在刚分以后能够快速达到足够大的触头开距和弧后介质强度，则产生较小的"可能重燃相位区间"和较大的"无重燃相位区间"，有利于更高可靠性的选相开断。因此，足够的真空开关分闸速度是选相开断的必要条件。

如果恢复电压的上升速度非常快，接近弧后介质恢复速度，那么就需要考虑介质恢复对电弧重燃的影响。在选相操作中，如果出现高陡度恢复电压的情况，可采取电路措施加以限制，以保证选相操作的效果。

真空开关弧后介质强度具有统计特性，选相操作的参数配合中应该考虑介质强度特性的分散性，按照可能的最大恢复电压和可能的最小介质强度进行设计，留有足够的裕度。

真空开关的弧后介质恢复速度和弧后介质强度特性和具体的真空开关有关，目前还缺少充分的试验数据。

3. 选相真空开关的操作稳定性

选相真空开关的操作稳定性，指其在长期和重复操作中"动作延时时间"的稳定性。真空开关只有具有足够的操作稳定性，才有可能保证"刚分时刻"可靠地落在"无重燃相位区间"。"无重燃相位区间"的长度越小，对操作稳定性的要求越高。

目前，选相真空开关主要采用永磁操动机构，其结构简单，性能稳定。但是，目前永磁操动机构的驱动电源通常采用电容器储能，电容器的储能特性和能量释放特性容易受电容老化和工作温度的影响，是影响选相真空开关操作稳定性的一个重要因素。

3.2 选相真空开关产品的操作稳定性试验

在真空开关选相开断电感性负载中，操作稳定性对于抑制操作过电压具有关键性影响。鉴于此，对国内两家主要的选相真空开关厂的两类产品进行了操作稳定性试验，分别是宝鸡同步电器有限公司的 GX12-12/25 型 12kV 高压选相真空开关和深圳国立智能电力科技有限公司的 GLSV-ZNH5-40.5 型 40.5kV 高压选相真空开关。

3.2.1 试验测量方法和装置

1. 测量方法

选相真空开关操作稳定性试验测量在工厂条件下进行，鉴于真空开关主回路工作电压和电流的大小对选相真空开关的操作稳定性没有显著影响，本试验中没有施加主回路的电压和电流，而是模拟产生电感性负载条件下的三相电压信号和电流信号。

如图 3-2 所示是试验测量电路结构框图，主要电路元件包含：选相真空开关和与之配套的选相真空开关控制器，操作电源，控制信号发生器，刚分信号传感器，信号采集器。

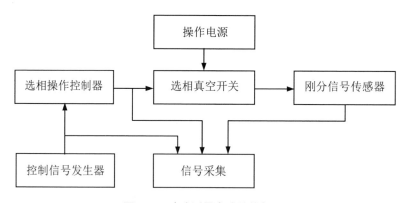

图 3-2 试验测量电路结构框图

试验测量过程如下：控制信号发生器产生模拟的三相主回路工频电压和电流信号，输入给选相操作控制器；选相操作控制器根据人工输入的开断指令、主回路三相工频电流的相位和要求的刚分时刻相位，决定发送给选相真空开关的开断指令的发出时刻，并发出指令；选相真空开关分相操作；刚分信号传感器获得选相真空开关三相断口的刚分信号，输入给信号采集器；信号采集器同步采集控制信号发生器的三相电压和电流信号、选相操作控制器的三相开断指令信号和选相真空开关的三相断口刚分信号。

图3-3是宝鸡同步电器有限公司试验测量现场照片；图3-4是深圳国立智能电力科技有限公司试验测量现场照片。

图3-3 宝鸡同步电器有限公司试验测量现场

图3-4 深圳国立智能电力科技有限公司试验测量现场

2. 选相真空开关和选相操作控制器

（1）同步电器GX12-12/25型高压选相真空开关。

如图3-5所示是宝鸡同步电器GX12-12/25型高压选相真空开关，主要性能参数见表3-1。GX12-12/25型高压选相真空开关为三相分相操作结构，由三个独立开关单元组成，配置一个选相操作控制器。控制器输入三相主回路的电流信号（信号范围0～5A）和电压信号（信号范围0～120V），输出三相选相真空开关分相控制的分闸控制信号。

图3-5 宝鸡同步电器GX12-12/25型高压选相真空开关

表3-1 GX12-12/25型高压选相开关参数

名称		参数
额定电压		12kV
额定频率		50/60Hz
额定电流		2000A
工频耐受电压	断口	48kV
	极间	48kV
	对地	48kV

名称		参数
冲击耐受电压	断口	75kV
	对地	75kV
额定短时耐受电流		31.5kA
额定峰值耐受电流		80kA
额定短路关合电流（峰值）		80kA
额定短路持续时间		4s
选相角度设置范围		0°～360° 连续可调，步长0.5
关合窗口（选相合闸相位角精度）		±0.2°（±3.6）
合闸窗口（机械分散性）		±0.15°（±2.7）
合闸同期性		≤0.2ms
合闸时间		＜35ms
弹跳时间		＜2ms
同步信号	电压有效值	AC110/200V±20%
	频率	50/60Hz±0.2
机械寿命		30 000次

（2）国立智能 GLSV-ZNH5-40.5 型高压选相真空开关。

如图 3-6 所示是深圳国立智能 GLSV-ZNH5-40.5 型高压选相真空开关，主要性能参数见表 3-2。GLSV-ZNH5-40.5 型高压选相真空开关为分相操作结构，由三个独立开关单元组成，配置一个选相操作控制器。控制器输入三相主回路的电流信号（信号范围 0～5A）和电压信号（信号范围 0～120V），输出三相选相真空开关分相控制的分闸控制信号。

图3-6　深圳国立智能 GLSV-ZNH5-40.5 型高压选相真空开关

表3-2 GLSV-ZNH5-40.5型高压选相开关参数

名称		数值
额定电压		40.5kV
额定频率		50/60Hz
额定电流		630A，1250A，1600A，2000A，2500A，3150A
工频耐受电压	断口	48kV/1min
	极间	42kV/1min
	对地	42kV/1min
冲击耐受电压	断口	85kV/1min
	对地	75kV/1min
额定短时耐受电流		20kA，25kA，31.5kA，40kA
额定峰值耐受电流		50kA，63kA，80kA，100kA
额定短路关合电流（峰值）		50kA，63kA，80kA，100kA
额定短路持续时间		4s
选相角度设置范围		0°～359°
关合窗口（选相合闸相位角精度）		<10°
合闸窗口（机械分散性）		≤±0.5ms
合闸同期性		≤2ms
合闸时间		≤50ms
弹跳时间		无
同步信号	电压有效值	100/57.7V
	频率	50/60Hz
机械寿命		30 000次

3. 控制信号发生器

在选相真空开关开断电感性负载的实际场合，选相操作控制器的输入信号为主回路的工频电压和电流，来自电压互感器和电流互感器的输出。在此试验中，采用控制信号发生器模拟产生工频电压和工频电流控制信号。

如图3-7所示是控制信号发生器的电路，包含一个三相变压器和三个电感。变压器原边绕组为星形连接，输入电压为相电压220V；变压器的副边绕组也为星形连接，输出电压为110V和6V。三相变压器的110V输出电压用于选相控制器的工频电压信号；变压器的 6V 输出电压作用于三个星形连接的电感，产生用于选相控制器输入的工频电流信号。单相电感的感抗 6.28 Ω（20mH），产生的相电流为 1A。

图 3-8 是产生模拟控制信号的三相变压器和负载电感。

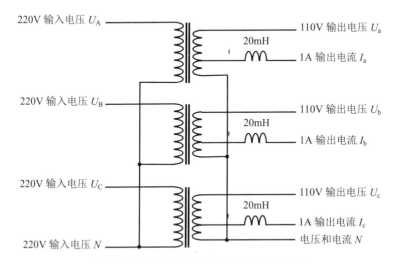

图3-7 工频电流和电压控制信号发生电路

图3-8 产生模拟控制信号的三相变压器（左）和负载电感（右）

4. 刚分信号传感器

传感真空开关的触头断口信号，用于测量真空开关的刚分时刻。如图 3-9 所示是刚分信号传感器的电路图，当真空开关触头闭合时，输出零电压信号，当真空开关触头断开时，输出电池电压信号。在真空开关刚分时刻，电压由零电压变化为电源电压，刚分信号传感器输出阶跃信号。

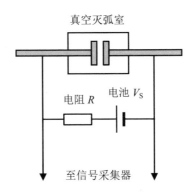

图3-9　真空开关刚分信号传感电路

图 3-10 是刚分信号传感器照片，包含三路传感器，用于真空开关三相灭弧室的刚分时刻同时测量。传感器输出阶跃电压信号的幅值是 8.4V。

图3-10　真空开关刚分信号传感器

刚分传感器有三路输出，每一路都设置有一个开关和充电接口。刚分传感器每路输出约 DC8.4V。

5. 信号采集器

信号采集器同步采样以下信号：

①A, B, C 三相工频电流信号；②A, B, C 三相工频电压信号；③选相操作控制器 A, B, C 三相输出控制信号；④真空开关 A, B, C 三相刚分信号。

通过测量选相操作控制器输出信号和真空开关刚分信号在工频电流波形上的相位，分析选相真空开关的选相性能。

信号采集器采用横河 DL850E 数采示波仪（见图 3-11），主要性能参数如下：

①通道数：16；②模拟带宽：10MHz；③采样率：50MS/s；④记录长度：单通道采样，250Mpts；16 通道同时采样，每通道 10Mpts。

图3-11　横河DL850E数采示波仪

6. 电流和电压传感器

试验中的三相电流测量采用Pearson（型号：7355）电流互感器，模拟带宽：1Hz ～ 50MHz；电流电压变换比：10mV/A。

三相电压测量采用Cleqee（型号：P4250）电压探头，模拟带宽：250MHz；分压比：100X；最大输入电压：1000V；输入电阻：100MΩ ± 2%；输入电容：6pF。

图3-12是Pearson 7355电流互感器和Cleqee P4250电压探头。

（a）Pearson 7355　　　　　　　　（b）Cleqee P4250

图3-12　传感器照片

3.2.2　同步电器GX12-12/25型高压选相真空开关的选相性能试验

对同步电器GX12-12/25型选相真空开关进行选相分断操作试验，共计操作105次，测量每相的分闸控制指令信号与触头刚分信号的时间差（动作延时时间），以及刚分时刻的工频电流相位。本试验测量的目的是观测动作延时时间和刚分电流相位的稳定性，因此试验中的延时时间和刚分电流相位是任意设定的。

如图 3-13 所示是同步电器 GX12-12/25 型选相真空开关性能试验的典型示波图，测量波形包括：A、B、C 三相电压信号，A、B、C 三相电流信号，A、B 相分闸控制输出信号（C 相记录通道故障），A、B、C 三相触头刚分信号，A 相操作行程信号。基于示波图，分别测量 A、B、C 三相的动作延时时间和刚分电流相位，所得数据如表 3-3 所示。

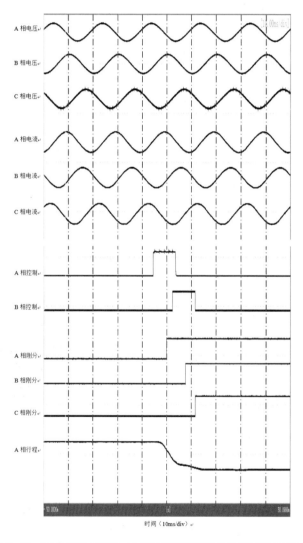

图 3-13　同步电器 GX12-12/25 选相真空开关性能试验示波图

表3-3 同步电器GX12-12/25型选相真空开关性能试验数据

试验次数	A相动作延时时间/ms	B相动作延时时间/ms	A相刚分电流相位/°	B相刚分电流相位/°	C相刚分电流相位/°
1	5.412	5.371	19.566	40.356	−16.722
2	5.427	5.337	19.332	39.798	−18.270
3	5.412	5.359	19.710	40.050	−18.072
4	5.433	5.365	20.556	39.654	−18.540
5	5.424	5.353	20.484	39.618	−17.658
6	5.432	5.361	20.412	39.600	−17.640
7	5.424	5.351	20.988	39.276	−15.876
8	5.421	5.373	20.772	39.420	−17.244
9	5.416	5.373	19.818	39.474	−18.162
10	5.410	5.360	19.710	38.520	−18.108
11	5.420	5.374	20.556	39.708	−16.992
12	5.423	5.372	21.312	39.816	−17.028
13	5.415	5.369	19.440	40.590	−16.290
14	5.416	5.360	20.304	39.294	−17.802
15	5.422	5.348	20.340	40.176	−17.496
16	5.430	5.348	20.520	39.132	−17.298
17	5.416	5.361	18.648	40.086	−14.526
18	5.431	5.371	17.604	38.844	−16.596
19	5.441	5.372	20.340	39.888	−18.936
20	5.427	5.348	21.060	38.754	−18.468
21	5.432	5.349	20.430	40.428	−16.812
22	5.416	5.360	19.710	39.996	−16.326
23	5.413	5.262	20.718	40.374	−16.002
24	5.405	5.376	18.972	38.916	−18.504
25	5.416	5.365	20.412	38.880	−16.416
26	5.414	5.371	20.430	40.356	−14.904
27	5.416	5.360	20.934	40.338	−17.082
28	5.429	5.354	18.810	40.032	−16.362

（续表）

试验次数	A相动作延时时间/ms	B相动作延时时间/ms	A相刚分电流相位/°	B相刚分电流相位/°	C相刚分电流相位/°
29	5.396	5.359	18.936	39.690	−14.436
30	5.427	5.361	20.880	40.284	−16.452
31	5.440	5.379	19.872	40.050	−16.236
32	5.413	5.357	20.052	40.392	−17.784
33	5.419	5.370	20.232	40.482	−16.974
34	5.395	5.360	19.908	40.482	−14.742
35	5.431	5.369	21.294	39.906	−18.324
36	5.430	5.371	18.720	40.554	−14.526
37	5.400	5.380	19.260	40.410	−15.984
38	5.409	5.364	20.286	39.132	−14.526
39	5.427	5.365	18.540	40.230	−16.272
40	5.434	5.356	19.548	39.942	−15.066
41	5.421	5.363	18.828	40.230	−17.136
42	5.426	5.344	19.710	39.726	−17.730
43	5.428	5.374	18.612	39.816	−17.298
44	5.429	5.354	17.964	39.024	−16.236
45	5.419	5.343	17.766	39.672	−17.064
46	5.414	5.348	19.044	39.960	−16.956
47	5.406	5.344	19.638	39.870	−17.118
48	5.409	5.359	19.656	39.726	−16.272
49	5.420	5.376	20.826	40.464	−17.766
50	5.429	5.374	19.566	39.006	−17.658
51	5.406	5.366	20.088	40.212	−17.658
52	5.427	5.349	21.384	40.626	−16.416
53	5.426	5.339	18.882	40.554	−16.722
54	5.420	5.355	19.872	40.536	−17.370
55	5.439	5.355	20.178	39.420	−15.570
56	5.414	5.353	19.512	39.420	−16.758

试验次数	A相动作延时时间/ms	B相动作延时时间/ms	A相刚分电流相位/°	B相刚分电流相位/°	C相刚分电流相位/°
57	5.410	5.360	17.874	40.410	−15.858
58	5.407	5.361	20.826	39.582	−17.208
59	5.420	5.364	20.106	39.816	−18.342
60	5.436	5.351	19.944	40.320	−18.036
61	5.417	5.350	19.764	39.132	−16.218
62	5.423	5.360	19.098	39.006	−16.902
63	5.416	5.362	19.548	39.762	−15.066
64	5.410	5.360	19.350	38.556	−17.136
65	5.432	5.356	21.024	39.582	−17.370
66	5.421	5.357	20.880	40.212	−14.688
67	5.435	5.358	20.466	40.014	−14.868
68	5.427	5.353	19.584	40.176	−17.136
69	5.436	5.357	19.440	39.942	−17.046
70	5.421	5.353	17.568	38.664	−18.540
71	5.442	5.230	19.908	38.538	−16.254
72	5.438	5.222	20.196	39.006	−16.020
73	5.432	5.226	20.124	38.862	−16.146
74	5.431	5.184	20.934	38.232	−17.982
75	5.428	5.216	19.872	38.466	−16.182
76	5.433	5.201	21.078	37.440	−16.092
77	5.432	5.234	19.728	39.582	−17.946
78	5.427	5.223	21.402	38.214	−16.182
79	5.421	5.194	19.926	37.890	−14.436
80	5.439	5.180	20.340	38.160	−15.786
81	5.422	5.191	20.430	37.476	−16.110
82	5.435	5.190	19.404	37.386	−16.470
83	5.417	5.194	20.988	37.350	−16.560
84	5.414	5.196	20.412	37.314	−15.570

（续表）

试验次数	A相动作延时时间/ms	B相动作延时时间/ms	A相刚分电流相位/°	B相刚分电流相位/°	C相刚分电流相位/°
85	5.421	5.218	19.746	38.736	−16.038
86	5.432	5.202	20.358	37.602	−14.850
87	5.443	5.191	19.350	37.980	−17.694
88	5.404	5.188	20.772	38.646	−16.254
89	5.399	5.206	19.980	38.286	−15.840
90	5.421	5.193	21.330	37.890	−14.922
91	5.422	5.183	21.114	37.512	−14.832
92	5.422	5.195	19.890	37.890	−14.904
93	5.428	5.186	20.700	37.440	−14.994
94	5.418	5.234	19.296	37.044	−15.480
95	5.431	5.190	20.160	37.512	−15.552
96	5.424	5.236	18.576	38.088	−15.552
97	5.424	5.191	20.016	36.864	−16.650
98	5.427	5.223	19.458	37.728	−14.544
99	5.427	5.199	20.520	36.990	−15.156
100	5.422	5.215	21.168	37.602	−15.372
101	5.425	5.203	20.700	37.386	−15.228
102	5.426	5.230	21.492	38.160	−15.462
103	5.426	5.214	18.720	37.638	−16.128
104	5.450	5.239	19.404	37.314	−15.822
105	5.427	5.213	20.916	37.512	−14.706
平均值	5.423	5.308	19.951	39.163	−16.489
方差	0.0001	0.0054	0.7800	1.1658	1.3372
最大值	5.450	5.380	21.492	40.626	−14.436
最小值	5.395	5.180	17.568	36.864	−18.936
分散区间	0.055	0.200	3.924	3.762	4.500

表3-3测量结果显示，在选相真空开关的分闸操作中，三相中刚分相位分散性的最大方差是1.3372°，最大分散区间是4.500°，具有良好的机械稳定性，

能够满足抑制重燃的选相操作要求。

在图 3-13 中，可以读取真空开关行程曲线上的刚分点，由此可以分析真空开关的弧后介质强度特性，以及无重燃相位区间的大小。图 3-14 给出了真空开关分闸操作行程所包含的不同阶段；在刚分点之前，为超行程时间，约 2.7ms，此时操动机构已经运动，但触头尚未分离；在刚分时刻以后的约 5ms 时间，触头全速分离，开距达到了全开距的 70%；行程特性曲线的最后阶段为缓冲行程，持续约 10ms，触头运动显著减速至零。

通常，在 70% 开距下，真空触头间隙可达到足够的介质强度，承受可能出现的最大恢复电压。将此触头分离至 70% 开距的时间（5ms，工频 90° 相位）视为"可能重燃相位区间"，"无重燃相位区间"为工频半波时间减"可能重燃相位区间"，为 5ms（工频 90° 相位），足够宽裕作为选相分闸的目标相位区间。

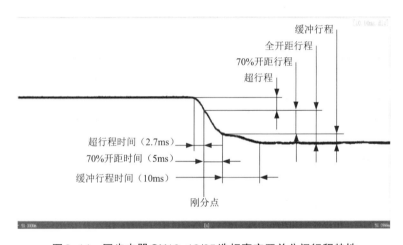

图3-14　同步电器GX12-12/25选相真空开关分闸行程特性

由此可见，同步电器 GX12-12/25 型选相真空开关的分闸速度足够快，满足选相分闸操作的弧后介质强度特性的要求；同时也留出了约 5ms（工频 90° 相位）的"无重燃相位区间"，用于选相分闸的目标相位区间；GX12-12/25 真空开关分闸操作的最大选相相位分散区间工频 4.5° 内，相对于工频 90° 的目标相位区间，满足稳定性要求。

3.2.3　国立智能 GLSV-ZNH5-40.5 型高压选相真空开关的选相性能试验

对国立智能 GLSV-ZNH5-40.5 型高压选相真空开关进行选相分断操作试验，

共计进行了 104 次试验操作，测量每相的分闸控制指令信号与触头刚分信号的时间差（动作延时时间），以及刚分信号所处的工频电流的相位。本试验测量中的延时时间和刚分电流相位也是任意设定的。

如图 3–15 所示是国立智能 GLSV–ZNH5–40.5 型选相真空开关性能试验的典型示波图，测量波形包括：A、B、C 三相电压信号，A、B、C 三相电流信号，A、B、C 三相分闸控制输出信号，A、B、C 三相触头刚分信号。基于示波图，分别测量 A、B、C 三相的动作延时时间和刚分电流相位，所得数据如表 3–4 所示。

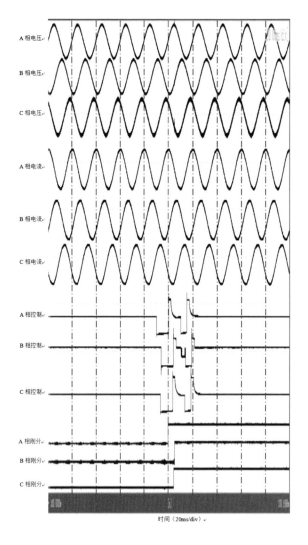

图 3–15　国立智能 GLSV–ZNH5–40.5 选相真空开关性能试验示波图

表3-4　国立智能GLSV-ZNH5-40.5型选相真空开关性能试验数据

试验次数	A相动作延时时间/ms	B相动作延时时间/ms	C相动作延时时间/ms	A相刚分电流相位/°	B相刚分电流相位/°	C相刚分电流相位/°
1	9.519	10.629	10.703	1.404	−26.946	−148.950
2	9.487	11.055	10.684	0.954	−18.468	−150.948
3	9.471	11.012	10.650	0.054	−18.630	−150.480
4	9.496	11.040	10.799	2.106	−17.442	−145.476
5	9.458	11.138	10.669	1.314	−16.200	−149.22
6	9.478	11.146	10.811	1.584	−15.192	−145.242
7	9.422	11.270	10.747	0.342	−15.318	−145.584
8	9.450	11.075	10.623	0.432	−19.656	−147.078
9	9.395	11.226	10.859	−0.162	−15.156	−146.178
10	9.554	11.287	10.830	3.006	−13.374	−146.16
11	9.427	11.173	10.807	0.594	−16.146	−146.052
12	9.515	11.085	10.754	2.196	−17.046	−146.394
13	9.535	11.102	10.760	3.258	−18.702	−144.918
14	9.585	11.096	10.761	2.466	−18.828	−148.302
15	9.566	11.208	10.645	2.538	−14.580	−147.330
16	9.590	11.206	10.619	0.846	−16.182	−150.102
17	9.507	11.250	10.896	2.286	−13.572	−143.712
18	9.588	11.257	10.890	1.836	−15.246	−148.248
19	9.541	11.237	10.597	1.602	−14.688	−149.436
20	9.563	11.119	10.659	2.142	−17.910	−149.202
21	9.558	11.261	10.859	3.348	−16.128	−143.748
22	9.552	11.181	10.725	4.032	−13.194	−145.674
23	9.557	11.197	10.760	4.032	−15.354	−145.818
24	9.583	11.095	10.733	2.970	−16.380	−147.132
25	9.513	11.223	10.811	2.142	−15.228	−142.920
26	9.577	11.258	10.909	4.464	−14.346	−141.984
27	9.558	11.241	10.910	3.672	−14.652	−144.972
28	9.564	11.207	10.847	3.528	−15.390	−145.566

（续表）

试验次数	A相动作延时时间/ms	B相动作延时时间/ms	C相动作延时时间/ms	A相刚分电流相位/°	B相刚分电流相位/°	C相刚分电流相位/°
29	9.525	11.248	10.897	1.908	−16.128	−144.216
30	9.531	11.169	10.893	3.492	−15.480	−143.820
31	9.574	11.054	10.843	5.022	−15.318	−141.12
32	9.541	11.355	10.681	2.646	−13.248	−145.062
33	9.541	11.022	10.857	2.970	−17.820	−142.776
34	9.522	11.224	10.881	2.844	−15.642	−145.044
35	9.502	11.211	10.924	1.566	−15.336	−144.936
36	9.528	11.017	10.889	1.404	−16.362	−141.246
37	9.528	11.154	10.825	0.738	−14.562	−142.992
38	9.538	11.172	10.807	0.306	−15.894	−143.262
39	9.516	11.025	10.900	0.252	−18.108	−141.876
40	9.532	11.029	10.905	1.386	−18.468	−141.786
41	9.534	10.831	10.816	0.036	−22.248	−143.028
42	9.536	10.940	10.883	0.630	−19.548	−141.444
43	9.484	10.963	10.819	0.144	−18.720	−143.514
44	9.489	10.729	10.804	0.108	−23.400	−143.928
45	9.523	10.919	10.871	1.386	−17.766	−140.688
46	9.485	10.845	10.882	1.116	−19.152	−141.300
47	9.517	10.930	10.877	1.350	−18.540	−139.716
48	9.489	10.818	10.837	0.072	−18.072	−140.670
49	9.490	10.826	10.809	0.396	−21.042	−141.912
50	9.517	10.910	10.878	0.252	−20.070	−142.488
51	9.550	11.040	10.746	1.476	−18.036	−144.108
52	9.540	11.175	10.831	0.306	−16.992	−144.036
53	9.525	11.382	10.724	1.548	−11.088	−144.522
54	9.527	11.045	10.809	0.846	−17.604	−141.228
55	9.498	10.899	10.899	0.504	−18.612	−140.472
56	9.526	10.901	10.837	0.270	−20.394	−142.884

试验次数	A相动作延时时间/ms	B相动作延时时间/ms	C相动作延时时间/ms	A相刚分电流相位/°	B相刚分电流相位/°	C相刚分电流相位/°
57	9.547	11.470	10.670	0.522	−9.342	−146.430
58	9.514	11.038	10.864	1.404	−18.900	−141.588
59	9.549	10.730	10.712	1.008	−23.688	−146.736
60	9.536	10.688	10.688	0.972	−10.350	−143.748
61	9.542	11.248	10.840	1.260	−15.786	−145.548
62	9.543	10.997	10.851	0.882	−18.702	−143.298
63	9.511	11.076	10.877	1.278	−17.064	−144.252
64	9.543	11.085	10.836	1.170	−17.226	−143.154
65	9.515	11.241	10.615	0.594	−13.644	−147.276
66	9.518	11.243	10.604	0.756	−12.204	−144.810
67	9.517	11.118	10.869	0.540	−15.426	−142.092
68	9.539	11.169	10.831	0.450	−13.122	−142.362
69	9.516	11.390	10.890	0.360	−9.774	−141.102
70	9.542	10.950	10.836	0.432	−18.576	−141.696
71	9.526	10.893	10.844	0.180	−20.106	−143.298
72	9.572	11.087	10.909	0.378	−15.732	−138.672
73	9.525	11.402	10.747	0.324	−10.260	−142.290
74	9.554	10.603	10.601	0.702	−11.610	−146.430
75	9.534	11.278	10.609	0.234	−13.482	−144.414
76	9.557	11.340	10.767	0.252	−11.124	−143.532
77	9.605	11.160	10.796	0.450	−13.626	−144.108
78	9.599	11.007	10.870	1.962	−16.452	−141.624
79	9.575	11.208	10.652	0.594	−12.780	−146.142
80	9.579	11.367	10.738	1.476	−10.854	−143.154
81	9.588	11.370	10.640	0.576	−10.242	−146.988
82	9.576	11.313	10.866	0.162	−12.186	−146.358
83	9.56	11.359	10.693	0.180	−11.574	−145.836
84	9.573	11.402	10.641	0.396	−10.656	−146.214

（续表）

试验次数	A相动作延时时间/ms	B相动作延时时间/ms	C相动作延时时间/ms	A相刚分电流相位/°	B相刚分电流相位/°	C相刚分电流相位/°
85	9.592	11.406	10.661	0.468	−11.448	−147.582
86	9.572	11.068	10.882	1.134	−14.328	−142.236
87	9.563	10.867	10.868	0.396	−17.640	−143.298
88	9.555	11.240	10.890	0.504	−15.012	−141.372
89	9.564	11.422	10.916	0.828	−10.332	−141.552
90	9.540	11.122	10.843	2.322	−15.426	−140.670
91	9.571	11.046	10.804	0.486	−19.746	−143.496
92	9.545	11.061	10.743	2.124	−14.922	−141.336
93	9.550	10.908	10.823	1.008	−19.872	−143.694
94	9.564	10.872	10.821	0.900	−20.304	−142.380
95	9.547	11.588	10.636	0.108	−9.252	−148.014
96	9.549	11.051	10.812	0.414	−16.632	−141.480
97	9.532	10.924	10.783	0.216	−20.034	−142.380
98	9.563	11.016	10.831	0.054	−18.882	−142.470
99	9.578	11.032	10.735	0.288	−18.396	−145.260
100	9.536	11.397	10.744	0.360	−11.340	−144.000
101	9.545	10.974	10.726	0.162	−19.386	−146.268
102	9.552	10.993	10.759	0.144	−18.792	−145.602
103	9.546	10.906	10.790	0.252	−19.440	−143.226
104	9.639	10.949	10.698	0.144	−19.206	−144.414
平均值	9.536	11.108	10.789	1.209	−16.139	−144.277
方差	0.0015	0.0361	0.0083	1.3053	11.4076	6.4616
最大值	9.639	11.588	10.924	5.022	−9.252	−138.672
最小值	9.395	10.603	10.597	−0.162	−26.946	−150.948
分散区间	0.244	0.985	0.327	5.184	17.694	12.276

表3-4测量结果显示，在选相真空开关的分闸操作中，三相中刚分相位分散性的最大方差是11.4076°，最大分散相位区间是17.694°。此机械稳定性是否

能够满足抑制重燃的选相操作要求，还取决于真空开关的操动速度和"无重燃相位区间"的大小。

如图 3–16 所示是国立智能 GLSV–ZNH5–40.5 型选相真空开关的行程特性曲线和刚分信号，由图可见，在刚分时刻以后的 6.3ms 时间，触头开距达到了全开距的 70%；在刚分时刻以后的 8.5ms 时间，触头开距达到了全开距。

如果仍然以 70% 开距（此为本书分析的设定）下真空触头间隙可以达到足够的介质强度，能够承受可能出现的最大恢复电压，将此 70% 开距时间 6.3ms（工频 113° 相位）设置为"可能重燃相位区间"，则"无重燃相位区间"为 3.7ms（工频 67° 相位）。在此条件下，"无重燃相位区间"足够大，能够适合真空开关分闸相位的分散性，满足选相分闸无重燃的要求。

综上所述，国立智能 GLSV–ZNH5–40.5 型选相真空开关的分闸速度足够快，满足选相分闸操作的弧后介质强度特性的要求；同时也留出了约 3.7ms（工频 67° 相位）的"无重燃相位区间"，用于选相分闸的目标相位区间；GLSV–ZNH5–40.5 型真空开关分闸操作的最大选相相位分散区间在工频 17.7° 内，相对于工频 67° 的目标相位区间，满足稳定性要求。

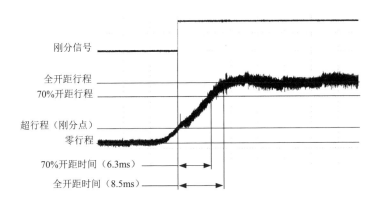

图 3–16　国立智能 GLSV–ZNH5–40.5 选相真空开关分闸行程特性

3.2.4　选相真空开关选相相位稳定性

选相真空开关的操动机构主要采用永磁操动机构，其结构简单，具有较好的机械稳定性，容易实现高稳定的动作延时时间，操动机构能够满足选相操作的相位精度要求。但是，选相真空开关的操作电源主要采用电容器储能（目前主要是电解电容），电容器的储能性能和释放能量的性能会受环境温度变化的影响和长期运行老化的影响，导致真空开关操作行程的变化，是影响选相真空开关操作稳定性的一个因素。

由于试验条件的限制，本书未针对选相真空开关驱动电容器运行温度和老化特性对其选相性能的影响开展工作。

3.3 刚分相位在线检测和自适应选相控制

3.3.1 刚分相位在线检测

在真空开关选相操作的应用中，开关"动作延时时间"的变化可能带来选相操作的失效，并可能产生适得其反的结果。对开关刚分时刻的相位进行在线检测，可以及时发现选相操作的失效。

刚分相位在线检测是在真空开关分断操作中同时测量触头刚分时刻信号和被开断工频电流相位信号，观察刚分时刻所处的工频电流相位，确定其是否可靠地处在无重燃相位区间，及时了解选相性能劣化的趋势，避免发展到选相失效。

刚分时刻是真空开关动静触头由机械接触转变为机械分离的时刻，也是动静触头由金属电气连接转变为电弧电气连接的时刻。在真空开关有载开断中，无法测量真空开关的触头断口信号，也难以测量触头间的电弧电压信号，因此，触头刚分时刻的信号传感是实际应用中的一个难题。

为实现触头刚分时刻的信号传感，本书提出和建议，在选相真空开关的设计制造中，设置一个专门的辅助接点，保证该辅助接点的动作和真空开关主触头的动作准确同步，通过测量辅助接点的动作信号，实现真空开关主触头刚分时刻的准确信号传感和刚分相位的在线检测。

3.3.2 基于刚分相位的自适应选相控制

在选相操作中，自适应控制得到了广泛应用，通过测量环境温度、湿度、储能电容器的放电电流和放电电压等能够影响真空开关机械稳定性的参数，调整选相控制中的动作延时时间，补偿环境条件变化和储能电容器特性变化对选相操作性能的影响。

刚分相位是反映选相性能变化的最直接和最准确的信号，基于刚分相位在线检测的结果进行控制补偿，可以实现更加准确的自适应选相控制。

选相真空开关储能电容器的性能老化是一个长期和复杂的过程，刚分相位的变化能够很好反映储能电容器性能的变化，并通过自适应控制消除其影响。

3.4　基于重燃电磁波传感的重燃在线检测

在无法实现刚分相位在线检测的情况下，本书提出了一种退而求其次的方法，对选相失效进行在线检测，一旦出现选相失效，及时给予报警。

选相失效的直接表现是出现电弧重燃，电弧重燃产生强烈的空间电磁波，通过测量电弧重燃的空间电磁波，可以检测和诊断电弧重燃和选相失效。

3.4.1　试验电路

为了验证该方法的可行性，进行了模拟试验，图 3–17 是试验测量电路，试验步骤如下：

（1）真空开关 VCB 处在分闸状态；

（2）采用高压交流电源通过充电电阻 R 和高压硅堆 D 对电容 C_M 充电；

（3）充电完成后，进行 VCB 的"合闸—分闸"操作，VCB 合闸产生电容 C_M 和电感 L_F 之间的衰减振荡电流，VCB 分闸开断该衰减振荡电流，控制和减小合闸和分闸之间的时间间隔，以减小开断时电流衰减；

（4）测量和捕获 VCB 开断过程中随机出现的重复击穿过程。

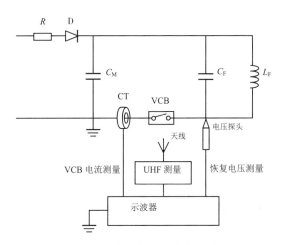

图 3–17　电弧重燃在线检测试验测量电路

试验测量包括：采用电流互感器 CT（Pearson 7355）测量 VCB 的电流，采用高压探头（Tek P6015）测量 VCB 的恢复电压，采用天线和 UHF 放大器（频带 250 ~ 800MHz，增益 50dB）测量空间电磁波，采用示波器（Yokogawa DLM2054）记录波形。

主要电路参数：C_M=351μF，L_F=30.3mH，C_F=600nF，C_M 的充电电压 1kV，振荡电流频率 48.8Hz，电流被开断半波的峰值 24A，恢复电压频率 38.5kHz。

3.4.2 重燃的 UHF 电磁波信号

图 3-18 是试验测得的一个典型波形，共发生 3 次电弧重燃和 3 次高频电流熄弧，第 3 次高频电流熄弧后，等效截流较小，恢复电压较低，没有再导致电弧重燃，电路被开断。

试验波形显示：每一次电弧重燃都产生了明显可辨的电磁波脉冲；在每一次电弧重燃以后的高频电流持续过程中，出现了一串电磁波脉冲，这是由于高频电流过零的电弧不稳定，即每一次高频电流过零都存在熄弧和重燃，重燃产生电磁波脉冲；在工频电流接近零点的附近，即第一次恢复电压出现之前，小电流真空电弧也出现了不稳定，存在熄弧和重燃，重燃产生电磁波脉冲。

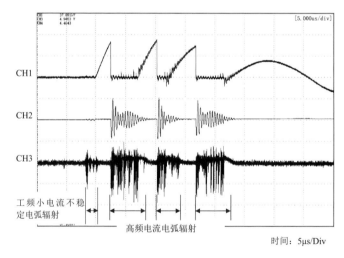

时间：5μs/Div

CH1：恢复电压，12.5V/Div；CH2：VCB电流，100A/Div；CH3：UHF信号，625mV/Div

图 3-18　重复击穿过程和产生的 UHF 信号示波图

试验结果表明：在电弧重燃后的高频电流持续期间，每一次高频电流过零都产生 UHF 电磁波脉冲，由此产生持续的 UHF 脉冲，通过检测真空开关开断过程中的空间电磁波，识别电弧重燃产生的电磁波脉冲，可以实现电弧重燃的在线检测。

试验结果还表明：工频电流零点以前的小电流真空电弧不稳定能够产生电

磁波脉冲干扰，需要抑制。尽管电弧重燃的能量很大，但是电弧重燃所产生的UHF脉冲并没有显著大于工频小电流电弧不稳定和高频电流电弧不稳定所产生的UHF脉冲，这是因为电弧重燃的主要电磁波能量在低于UHF的频段。因此，通过优化电磁波检测频段，有望进一步提高电弧重燃的信号，抑制电弧不稳定信号，提高信噪比。本文目前只进行了UHF频段的检测，验证电磁波传感的可行性，进一步的频段优化和应用研究有待后续进行。

3.5 选相真空开关电抗器投切现场试验

3.5.1 测试系统方式

35kV I、II 段配电装置采用户内布置，采用单母线分段接线。#1 主变 35kV 带 I 段母线运行，35kV 母分开关热备用，35kV#1 电抗器接于 35kV I 段母线，#1、#2 电容器和 #1 电抗器均退出 AVC 闭环控制，#1、#2 电容器改非正常运行方式（断路器合闸、闸刀分闸，用于母线电压监测）。#1 电抗器具备原断路器位置真空断路器和相控投切条件。

试验相关主要设备参数如表 3-5 所示。

表 3-5　35kV #1 电抗器投切试验主要设备参数

名称	型号	主要参数
35kV #1 电抗器	BKS-10000/35	油浸式，实测阻抗122.5
35kV #1 电抗器相控开关	GLS-ZNH5-40.5	真空断路器，40.5/1 250、31.5kA
35kV #1 电抗器开关柜内流变	LZZB9-40/205	1 200/5
35kV I 段母线避雷器	HY10WZ-51/134	额定电压51kV
#1 主变 35kV 侧避雷器	HY10WZ-51/134	额定电压51kV
#1 电抗器避雷器	HY10WZ-51/134	额定电压51kV
#1 电抗器连接电缆	YJV-26/35	50m

实测中分闸燃弧时间设置为 6.7ms，相控断路器标称分闸时间离散小于 ±0.5ms。理论上，最大燃弧时间 6.7+0.5=7.2ms，开断过程提前至前一个电流过零点的概率极小。

3.5.2 测试结果及分析

1. 原位置真空断路器带相控功能

原位置真空断路器带相控功能对 #1 电抗器开展 10 次投切操作。10 次开断操作母线侧和电抗器侧过电压倍数如表 3-6 所示，过电压倍数均未超过允许值。

表3-6 原位置真空断路器带相控功能开断#1并联电抗器母线侧和电抗器侧过电压情况（p.u.）

项目	1	2	3	4	5	6	7	8	9	10
母线侧过电压倍数	0.95	0.94	0.96	0.96	0.96	0.96	0.96	0.95	0.95	0.96
电抗器过电压倍数	1.85	1.77	1.84	1.84	1.83	1.80	1.90	1.78	1.89	1.82

#1 电抗器避雷器、#1 主变 35kV 侧避雷器和 35kVI 段母线避雷器均未动作。分闸过程中均未记录到明显过电压波形，从电流信号也未发现断路器复燃现象。如图 3-19 和图 3-20 所示为带相控功能切电抗时电压、电流波形。

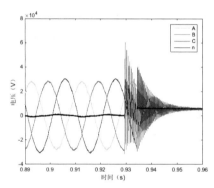
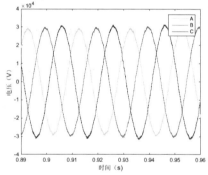

（a）电抗器侧暂态电压波形　　　　　（b）母线侧暂态电压波形

图3-19 原位置真空断路器带相控功能切电抗试验暂态电压波形

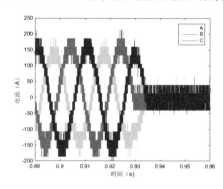

图3-20 原位置真空断路器带相控功能切电抗试验暂态电流波形

分相控制目标为 B 相首先过零，而从实际监测到的电流波形看，确实均为 B 首先过零开断，由于燃弧时间固定且较长，10 次母线侧和电抗器侧电压倍数接近，均未出现过电压情况。

2. 原位置真空断路器相控功能退出

选用原位置真空断路器相控功能退出（随机投切）对 #1 电抗器开展 2 次投切操作，2 次开断操作母线侧和电抗器侧过电压倍数如表 3–7 所示。

表3–7　原位置真空断路器相控功能退出开断 #1 并联电抗器母线侧和
电抗器侧过电压情况（p.u.）

项目	1	2
母线侧过电压倍数	1.17	0.96
电抗器过电压倍数	3.07	1.85
母线侧过电压倍数（相间）	1.83	1.61
电抗器过电压倍数（相间）	5.96	1.92
是否复燃	是	否
现象	等效截流开断	—

由上表可知，第 1 次开断 #1 电抗器时，电抗器侧出现了较大过电压，相间过电压倍数最大已接近 6.0p.u.，超过允许值。开断过程中 #1 电抗器避雷器 B、C 相动作，#1 主变 35kV 侧避雷器和 35kV I 段母线避雷器未动作。第 2 次投切过电压倍数与表 3–6 非常接近，也未出现复燃，可以推断实际开断时燃弧时间应较长。

如图 3–21 和图 3–32 所示为相控功能退出第 1 次切电抗试验电压、电流波形。

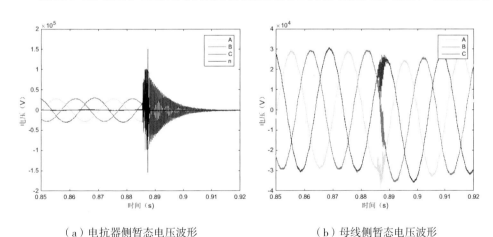

（a）电抗器侧暂态电压波形　　　　　　（b）母线侧暂态电压波形

图3–21　原位置真空断路器相控功能退出第1次切电抗试验暂态电压波形

从图 3-22 暂态电流波形中可以看出，断路器收到分闸指令后 A 相电流首先过零，出现了较为显著的复燃现象，复燃时间 1.8ms。B、C 相感应了复燃高频电流，随后出现等效截流开断。从图 3-22 能观察到明显的复燃现象。由于试验时母线有 3 条出线投入，因此母线侧过电压并不明显，而电抗器侧过电压倍数较高，导致避雷器动作。

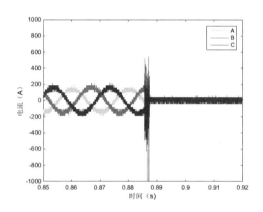

图 3-22　原位置真空断路器相控功能退出第 1 次切电抗试验暂态电流波形

3.5.3　测试小结

35kV I 母线保持带 4 条（试验时为 3 条）线路出线运行，等值电容约 0.52μF，选用相控真空断路器投切并联电抗器。

（1）原位置真空断路器带相控功能开断并联电抗器 10 次，未发现断路器复燃和操作过电压现象，控制策略与实际监测波形吻合。

（2）原位置真空断路器相控功能退出开断并联电抗器 2 次，其中第 1 次开断过程中出现复燃和等效截流现象，母线侧最大相间过电压倍数 3.07p.u.，电抗器侧最大相间过电压倍数 5.96p.u.。电抗器侧过电压已超过允许值并导致避雷器动作。因此，母线带出线系统采用原位置真空断路器投切并联电抗器在电抗器侧仍存在过电压风险，电抗器间隔避雷器无法抑制相间过电压。

（3）相控断路器在濮州变 #1 电抗器投切试验中表现良好，无复燃及过电压产生，但是否具有推广价值仍需进一步挂网运行和试验验证。其一，相控投切系统包含断路器、控制器、传感器、辅助装置等，各组件的老化或故障导致整体控制失效会引发更为恶劣的过电压情况，必须作为一个整体考虑其可靠性。其二，断路器分闸时间离散性是实现相控分闸控制策略的关键，厂家提供的 ±0.5ms 无有效的支撑材料，需进一步验证。

3.6 本章小结

在真空开关开断电感性负载的过程中，电弧重燃是导致多次重燃过电压和三相同时开断过电压的根本原因，选相开断可以有效消除电弧重燃，因而可以从根本上消除这两种形式的过电压。

在选相开断抑制真空开关开断电感性负载的操作过电压中，其选相策略是：无论是首相开断或后两相开断，分别控制真空开关的首相开断和后两相开断的刚分时刻，使其落在无重燃相位区间。

在选相开断中，选相真空开关的动作稳定性越高，"无重燃相位区间"越大，则选相可靠性越高，影响选相可靠性的主要因素包括：最大恢复电压，分闸速度和弧后介质强度特性，选相真空开关的操作稳定性。

对宝鸡同步电器 GX12–12/25 型 12kV 选相真空开关的选相性能进行了工厂试验测量，该选相真空开关的"无重燃相位区间"约为 5ms（工频 90° 相位），选相相位最大分散区间约在 4.5° 内，满足选相可靠性要求。

对国立智能 GLSV–ZNH5–40.5 型 40.5kV 选相真空开关的选相性能进行了工厂试验测量，该选相真空开关的"无重燃相位区间"约为 3.7ms（工频 67° 相位），选相相位最大分散区间约在 17.7°，满足选相可靠性要求。

目前的选相真空开关主要采用永磁操动机构，具有良好的机械稳定性，永磁操动机构供电采用储能电容器，其特性可能受长期运行性能老化和环境温度等因素影响，建议进一步关注。

本书提出和建议，在选相真空开关的设计制造中，设置一个专门的辅助接点，进行真空开关主触头刚分时刻的信号传感，并基于此实现刚分相位的在线检测，以及选相相位的自适应控制。

本书提出了基于电弧重燃电磁波信号传感的选相失效在线检测方法，一旦出现选相失效和电弧重燃，及时给予报警。

4 磁控电抗器运行关键技术

4.1 磁控电抗器工作性能与谐波抑制

4.1.1 磁控电抗器的结构和工作原理

1. 磁控电抗器的结构

单相自励式磁控电抗器结构原理图如图 4-1 所示。单相自励式 MCR 有四个铁心柱，在铁心 1 和铁心 2 上各有一段长度为 l_1 的小截面段，横截面为 A_{b1}，其余部分的横截面为 A_b，$A_{b1}<A_b$。铁心 1、铁心 2 分别与旁轭组成两条交流磁通的回路，铁心 1 和铁心 2 则组成直流磁通的回路。不同铁心的上、下两个绕组交叉相连后并联至电网，续流二极管 V_D 跨接在两个绕组的交叉处。两柱上均有两个抽头，抽头比 δ 为 $N_2/(N_1+N_2)$，每个铁心柱上的抽头用晶闸管连接。整流控制由晶闸管 V_{T1}、V_{T2} 实现。

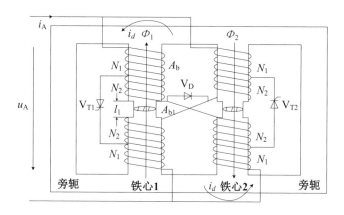

图4-1 单相自励式磁控电抗器结构原理图

2. 磁控电抗器的工作原理

单相自励式磁阀式可控电抗器电路原理图如图 4-2 所示。若晶闸管 V_{T1}、V_{T2} 不导通，由绕组结构的对称性可知，磁阀式可控电抗器与空载变压器无异。当电源 u_A 处在正半周，晶闸管 V_{T1} 承受正向电压，V_{T2} 承受反向电压。若 V_{T1} 被触发导通（即 a、b 两点等电位），电源电压 u_A 经变比为 δ 的绕组自耦变压后由匝数为 $2N_2$ 的绕组向电路提供直流控制电压（$\delta U_{Am}\sin\omega t$）和电流。不难得出 V_{T1} 导通时的等效电路如图 4-3（a）所示。同理，V_{T2} 在电源电压负半周导通（即 c、d 两点等电位），则可以得出如图 4-3（b）所示等效电路。

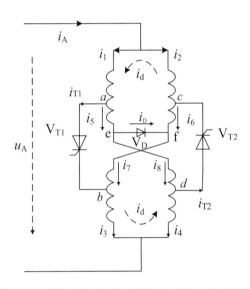

图4-2　单相自励式磁阀式可控电抗器电路原理图

由图 4-3 可知，晶闸管 V_{T1} 和晶闸管 V_{T2} 导通后产生的直流控制电流 i_d' 和 i_d'' 方向相同，V_{T1} 和 V_{T2} 分别在电网电压 u_A 正负半周轮流导通，实现了全波整流，二极管 V_D 起到续流作用。改变晶闸管 V_{T1}、V_{T2} 的触发角 α 便可改变直流控制电流 i_d'（i_d''）的大小，进而调节磁饱和度，控制电感值大小，平滑地调节磁阀式可控电抗器的容量。

结合分段线性化的磁特性曲线进一步解释 MCR 铁心磁饱和的原理。如图 4-4 所示，当晶闸管未导通时，直流控制电流为 0，此时无直流偏磁，即 $B_d=0$，交流磁感应强度 B_1、B_2 在 $-B_s$ 与 B_s 之间变化，幅值为 $B_m=B_s$。随着晶闸管触发角的减小，直流控制电流增大，从而使得 B_d 增大，导致磁感应强度 B_1B_2 曲线的顶部升（降）至 $B_s \sim -B_s$ 范围以外，如图 4-4（b）所示。图中阴影部分所对应的横轴部分（电角度 2β）标志着铁心 1 和铁心 2 在工频一周时间内铁心饱和时间，用 β 表示，称为饱和度。

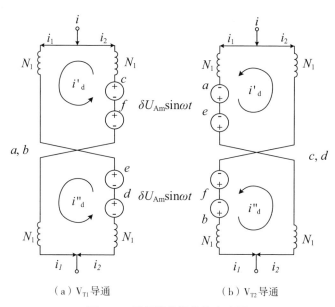

（a）V_{T1} 导通　　　　　　　　　　（b）V_{T2} 导通

图 4-3　晶闸管导通等值电路图

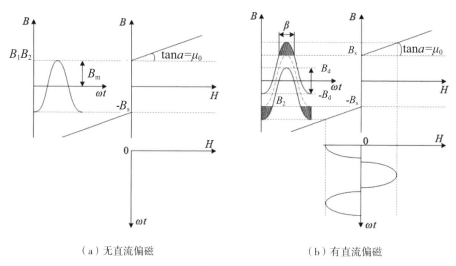

（a）无直流偏磁　　　　　　　　　　（b）有直流偏磁

图 4-4　铁心磁饱和原理图

当直流控制电流为 0 时，$B_d=0$，铁心 1 和铁心 2 在整个工频周期内都不饱和，故 $\beta=0$。随着直流控制电流增加，铁心 1 和铁心 2 在一个工频周期内的饱和时间随之增加。当在一个工频周期内铁心 1 和铁心 2 全部饱和时，对应的 $\beta=2\pi$。β 与磁感应强度之间的关系为

$$\beta = 2\arccos(1 - B_d / B_s) \qquad (4-1)$$

根据文献可知，MCR 工作电流的基频分量以及各次谐波与饱和度之间的关系式为

$$\begin{cases} I_{1\mathrm{m}}^* = \dfrac{1}{2\pi}(\beta - \sin\beta) \\ I_{(2n+1)\mathrm{m}}^* = \dfrac{1}{2\pi(2n+1)}\left[\dfrac{\sin n\beta}{n} - \dfrac{\sin(n+1)\beta}{n+1}\right] \end{cases} \qquad (4-2)$$

3. 磁控电抗器工作状态分析

根据自励式 MCR 的晶闸管 V_{T1}、V_{T2} 及续流二极管 V_D 的导通情况，可以列出下列五种工作状态：

（1）状态 1：V_{T1} 导通，V_D 截止，V_{T2} 截止；

（2）状态 2：V_{T1} 导通，V_D 导通，V_{T2} 截止；

（3）状态 3：V_{T1} 截止，V_D 导通，V_{T2} 截止；

（4）状态 4：V_{T1} 截止，V_D 截止，V_{T2} 导通；

（5）状态 5：V_{T1} 截止，V_D 导通，V_{T2} 导通。

假定：

（1）晶闸管 V_{T1}、V_{T2} 及二极管 V_D 为理想器件，即它们导通时电阻（压降）为零，截止时电阻无穷大。

（2）铁心 1、2 中磁感应强度 B_1（B_{1t}）、B_2（B_{2t}）的方向分别与电流 i_1、i_2 的方向满足右手螺旋定则。

（3）铁心 1、2 的磁势分别为 F_1、F_2。

由图 4-2 可以得到自励式 MCR 的电磁方程为

$$\begin{cases} F_1 \approx l_t f(B_{1t}) = \dfrac{(1-\delta)N}{2}i_1 + \dfrac{\delta N}{2}i_5 + \dfrac{\delta N}{2}i_7 + \dfrac{(1-\delta)N}{2}i_3 \\ F_2 \approx l_t f(B_{2t}) = \dfrac{(1-\delta)N}{2}i_2 + \dfrac{\delta N}{2}i_6 + \dfrac{\delta N}{2}i_8 + \dfrac{(1-\delta)N}{2}i_4 \end{cases} \qquad (4-3)$$

式（4-3）中，F_1：铁心 1 中磁势；F_2：铁心 2 中磁势；l_t：磁阀段长度；B_{1t}：铁心 1 中磁阀段的磁通密度；B_{2t}：铁心 2 中磁阀段的磁通密度；$f(B_{1t})$：铁心 1 中磁阀段的磁场强度；$f(B_{2t})$：铁心 2 中磁阀段的磁场强度；N：铁心 1 或铁心 2 上半部分或下半部分的线圈总匝数。

（1）状态1：V_{T1} 导通，V_D 截止，V_{T2} 截止。

$$\begin{cases} \dfrac{dB_{1t}}{dt} = \left[\dfrac{U_{Am}\sin\omega t}{(1-\delta)N} - \dfrac{Rf(B_{1t}l_t)}{(1-\delta)N^2} + \dfrac{\delta Rf(B_{2t})l_t}{(1-\delta)N^2} \right] \Big/ \left[\mu_0 \dfrac{df(B_{1t})}{dB_{1t}}(A_y - A_{yt}) + A_{yt} \right] \\[4mm] \dfrac{dB_{2t}}{dt} = \left[\dfrac{(1-2\delta)U_{Am}\sin\omega t}{(1-\delta)N} + \dfrac{\delta Rf(B_{1t})l_t}{(1-\delta)N^2} - \dfrac{Rf(B_{1t})l_t}{(1-\delta)N^2} \right] \Big/ \left[\mu_0 \dfrac{df(B_{2t})}{dB_{2t}}(A_y - A_{yt}) + A_{yt} \right] \\[4mm] i = \dfrac{f(B_{1t})l_t}{(1-\delta)N} + \dfrac{(1-2\delta)f(B_{2t})l_t}{(1-\delta)N} \\[4mm] i_1 = i_3 = \dfrac{f(B_{1t})l_t}{(1-\delta)N} - \dfrac{\delta f(B_{2t})l_t}{(1-\delta)N} \\[4mm] i_2 = i_4 = i_5 = i_6 = i_7 = i_8 = \dfrac{f(B_{2t})l_t}{N} \\[4mm] i_{T1} = \dfrac{f(B_{1t}l_t)}{(1-\delta)N} - \dfrac{f(B_{2t})l_t}{(1-\delta)N} \end{cases}$$

（4-4）

（2）状态2：V_{T1} 导通，V_D 导通，V_{T2} 截止。

$$\begin{cases} \dfrac{dB_{1t}}{dt} = \left[\dfrac{U_{Am}\sin\omega t}{N} - \dfrac{Rf(B_{1t})l_t}{N^2} \right] \Big/ \left[\mu_0 \dfrac{df(B_{1t})}{dB_{1t}}(A_y - A_{yt}) + A_{yt} \right] \\[4mm] \dfrac{dB_{2t}}{dt} = \left[\dfrac{U_{Am}\sin\omega t}{N} - \dfrac{Rf(B_{2t})l_t}{N^2} \right] \Big/ \left[\mu_0 \dfrac{df(B_{2t})l_t}{dB_{2t}}(A_y - A_{yt}) + A_{yt} \right] \\[4mm] i = \dfrac{\delta U_{Am}\sin\omega t}{(1-\delta)R} + \dfrac{f(B_{1t})l_t}{N} + \dfrac{f(B_{2t})l_t}{N} \\[4mm] i_1 = i_3 = \dfrac{\delta U_{Am}\sin\omega t}{(1-\delta)R} + \dfrac{f(B_{1t})l_t}{N} \\[4mm] i_2 = i_4 = i_6 = i_8 = \dfrac{f(B_{2t})l_t}{N} \\[4mm] i_5 = i_7 = -\dfrac{U_{Am}\sin\omega t}{R} + \dfrac{f(B_{1t})l_t}{N} \\[4mm] i_{T1} = \dfrac{U_{Am}\sin\omega t}{(1-\delta)R} \\[4mm] i_D = \dfrac{U_{Am}\sin\omega t}{R} + \dfrac{f(B_{1t})l_t}{N} - \dfrac{f(B_{2t})l_t}{N} \end{cases}$$

（4-5）

（3）状态3：V_{T1} 截止，V_D 导通，V_{T2} 截止。

$$\begin{cases} \dfrac{\mathrm{d}B_{1t}}{\mathrm{d}t} = \left[\dfrac{U_{\mathrm{Am}}\sin\omega t}{N} - \dfrac{Rf(B_{1t})}{N^2} \right] \bigg/ \left[\mu_0 \dfrac{\mathrm{d}f(B_{1t})}{\mathrm{d}B_{1t}}(A_y - A_{yt}) + A_{yt} \right] \\[3mm] \dfrac{\mathrm{d}B_{2t}}{\mathrm{d}t} = \left[\dfrac{U_{\mathrm{Am}}\sin\omega t}{N} - \dfrac{Rf(B_{2t}l_t)}{N} \right] \bigg/ \left[\mu_0 \dfrac{\mathrm{d}f(B_{2t})}{\mathrm{d}B_{2t}}(A_y - A_{yt}) + A_{yt} \right] \\[3mm] i = \dfrac{f(B_{1t})l_t}{N} + \dfrac{f(B_{2t})l_t}{N} \\[3mm] i_1 = i_3 = i_5 = i_7 = \dfrac{f(B_{1t})l_t}{N} \\[3mm] i_2 = i_4 = i_6 = i_8 = \dfrac{f(B_{2t})l_t}{N} \\[3mm] i_{D0} = \dfrac{f(B_{1t})l_t}{N} = \dfrac{f(B_{2t})l_t}{N} \end{cases} \qquad (4\text{-}6)$$

（4）状态4：V_{T1} 截止，V_D 截止，V_{T2} 导通。

$$\begin{cases} \dfrac{\mathrm{d}B_{1t}}{\mathrm{d}t} = \left[\dfrac{(1-2\delta)U_{\mathrm{Am}}\sin\omega t}{(1-\delta)N} - \dfrac{Rf(B_{1t})l_t}{(1-\delta)N^2} + \dfrac{\delta Rf(B_{2t})l_t}{(1-\delta)N^2} \right] \bigg/ \left[\mu_0 \dfrac{\mathrm{d}f(B_{1t})}{\mathrm{d}B_{1t}}(A_y - A_{yt}) + A_{yt} \right] \\[3mm] \dfrac{\mathrm{d}B_{2t}}{\mathrm{d}t} = \left[\dfrac{U_{\mathrm{Am}}\sin\omega t}{(1-\delta)N} - \dfrac{\delta Rf(B_{1t})l_t}{(1-\delta)N^2} - \dfrac{Rf(B_{2t})l_t}{(1-\delta)N^2} \right] \bigg/ \left[\mu_0 \dfrac{\mathrm{d}f(B_{2t})}{\mathrm{d}B_{2t}}(A_y - A_{yt}) + A_{yt} \right] \\[3mm] i = \dfrac{(1-2\delta)f(B_{1t})l_t}{(1-\delta)N} + \dfrac{f(B_{2t})l_t}{(1-\delta)N} \\[3mm] i_1 = i_3 = i_5 = i_6 = i_7 = i_8 = \dfrac{f(B_{1t})l_t}{N} \\[3mm] i_2 = i_4 = -\dfrac{\delta f(B_{1t})l_t}{(1-\delta)N} + \dfrac{f(B_{2t})l_t}{(1-\delta)N} \\[3mm] i_{K2} = \dfrac{f(B_{1t})l_t}{(1-\delta)N} - \dfrac{f(B_{2t})l_t}{(1-\delta)N} \end{cases} \qquad (4\text{-}7)$$

（5）状态5：V_{T1} 截止，V_D 导通，V_{T2} 导通。

$$
\begin{cases}
\dfrac{dB_{1t}}{dt} = \left[\dfrac{U_{Am}\sin\omega t}{N} - \dfrac{Rf(B_{1t})l_t}{N^2}\right] \Big/ \left[\mu_0 \dfrac{df(B_{1t})}{dB_{1t}}(A_y - A_{yt}) + A_{yt}\right] \\[3mm]
\dfrac{dB_{2t}}{dt} = \left[\dfrac{U_{Am}\sin\omega t}{N} - \dfrac{Rf(B_{2t})l_t}{N^2}\right] \Big/ \left[\mu_0 \dfrac{df(B_{2t})}{dB_{2t}}(A_y - A_{yt}) + A_{yt}\right] \\[3mm]
i = \dfrac{\delta U_{Am}\sin\omega t}{(1-\delta)R} + \dfrac{f(B_{1t})l_t}{N} + \dfrac{f(B_{2t})l_t}{N} \\[3mm]
i_1 = i_3 = i_5 = i_7 = \dfrac{f(B_{1t})l_t}{N} \\[3mm]
i_2 = i_4 = \dfrac{\delta U_{Am}\sin\omega t}{(1-\delta)R} + \dfrac{f(B_{2t})l_t}{N} \\[3mm]
i_6 = i_8 = \dfrac{U_{Am}\sin\omega t}{R} + \dfrac{f(B_{2t})l_t}{N} \\[3mm]
i_{K2} = -\dfrac{U_{Am}\sin\omega t}{(1-\delta)R} \\[3mm]
i_{D0} = \dfrac{U_{Am}\sin\omega t}{R} + \dfrac{f(B_{1t})l_t}{N} - \dfrac{f(B_{2t})l_t}{N}
\end{cases}
\tag{4-8}
$$

假定 MCR 工作绕组两端加有正弦电压 $u_A = U_{Am}\sin\omega t$，每一电源电压半周开始到 V_{T1} 或 V_{T2} 触发导通时的电角度 $\omega t = \alpha$，α 即为触发角。

4.1.2　理想磁化曲线下的磁控电抗器的简化模型

根据文献可知，图 4-2 中所示的各支路电流满足以下关系

$$
\begin{cases}
i_1 = i_3 = \dfrac{1}{2}i_A + i_d \\[3mm]
i_2 = i_4 = \dfrac{1}{2}i_A - i_d \\[3mm]
i_5 = i_7 = \dfrac{1}{2}i_A + (1-m^2-m)i_d \\[3mm]
i_6 = i_8 = \dfrac{1}{2}i_A - (1-m^2+m)i_d \\[3mm]
i_{T1} = m(m+1)i_d \\[3mm]
i_{T2} = m(m-1)i_d \\[3mm]
i_D = 2(1-m^2)i_d
\end{cases}
\tag{4-9}
$$

式（4-9）中有

$$m = \begin{cases} 0 & 0 \leqslant \omega t < \alpha \\ 1 & \alpha \leqslant \omega t < \pi \\ 0 & \pi \leqslant \omega t < \pi + a \\ -1 & \pi + \alpha \leqslant \omega t < 2\pi \end{cases} \tag{4-10}$$

将式（4-9）带入式（4-3）可得

$$\begin{cases} F_1 = i_A N + i_d[2N(1 - m^2\delta - m\delta)] \\ F_2 = i_A N - i_d[2N(1 - m^2\delta + m\delta)] \end{cases} \tag{4-11}$$

令

$$\begin{cases} i_1^{'} = i_A - 2m\delta i_d \\ i_2^{'} = 2(1 - m^2\delta)i_d \end{cases} \tag{4-12}$$

则式（4-11）可以化简为

$$\begin{cases} F_1 = Ni_1^{'} + Ni_2^{'} \\ F_2 = Ni_1^{'} - Ni_2^{'} \end{cases} \tag{4-13}$$

令

$$\begin{cases} u_1 = u_A = U_{Am}\sin\omega t \\ u_2 = \dfrac{\delta}{1-\delta}u_A \end{cases} \tag{4-14}$$

式（4-14）中 U_m 为电网电压幅值，ω 为角频率。

根据式（4-12）和（4-13）可以得到 MCR 等效电路图，如图4-5所示。

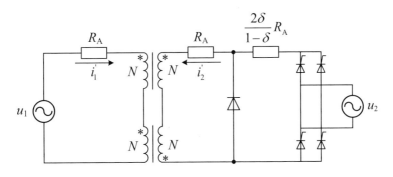

图4-5 MCR等效电路图

图 4-5 中 R_A 为匝数为 N 的绕组电阻。

$$R_A = \frac{2\delta U_{Am}^2}{\pi(1+\delta)S_A} \tag{4-15}$$

式（4-15）中 S_A 为 MCR 的额定容量。

1. 磁阀式可控电抗器的控制特性

对于图 4-5 所示的等效模型，忽略直流侧控制电源内阻，则直流控制电压和晶闸管触发角 α 之间的关系为

$$u_d = \frac{1}{\pi}\int_\alpha^\pi \frac{\delta U_m \sin\omega t}{1-\delta}d\omega t = \frac{\delta U_m(1+\cos\alpha)}{\pi(1-\delta)} \tag{4-16}$$

直流侧控制电流为

$$\begin{aligned}
i_2 &= \frac{1}{\pi}\int_0^\pi \frac{F_1-F_2}{N}d\omega t = \frac{1}{\pi}\int \frac{F_1}{N}d\omega t - \frac{1}{\pi}\int \frac{F_2}{N}d\omega t \\
&= \frac{B_s l}{\pi N\mu_0}\left[\int_{\pi-\frac{\beta}{2}}^{\pi}(-\cos\omega t - \cos\frac{\beta}{2})d\omega t - \int_0^{\frac{\beta}{2}}(-\cos\omega t - \cos\frac{\beta}{2})d\omega t\right] \\
&= \frac{2B_s}{\pi N\mu_0}(\sin\frac{\beta}{2} - \frac{\beta}{2}\cos\frac{\beta}{2})
\end{aligned} \tag{4-17}$$

由式（4-16）、（4-17）可得

$$\frac{\delta U_m(1+\cos\alpha)}{\pi(1-\delta)} = \frac{B_s l R_A}{\pi N\mu_0}(\sin\frac{\beta}{2} - \frac{\beta}{2}\cos\frac{\beta}{2}) \tag{4-18}$$

当 $\alpha=0°$ 时，$\beta=2\pi$，结合式（4-18）得

$$\cos\alpha = \frac{2}{\pi}(\sin\frac{\beta}{2} - \frac{\beta}{2}\cos\frac{\beta}{2}) - 1 \tag{4-19}$$

结合式（4-1）可得磁阀式可控电抗器的控制特性方程为

$$\begin{cases} I_{1m}^* = \dfrac{1}{2\pi}(\beta - \sin\beta) \\ \cos\alpha = \dfrac{2}{\pi}(\sin\dfrac{\beta}{2} - \dfrac{\beta}{2}\cos\dfrac{\beta}{2}) - 1 \end{cases} \tag{4-20}$$

根据式（4-20）可知 MCR 的工作电流基波标幺值与触发角 α 之间的关系，二者的关系曲线图如图 4-6 所示。

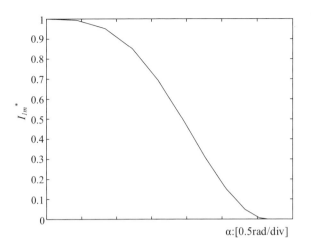

图4-6 工作电流基波标幺值与触发角 α 的关系曲线图

2. 磁控电抗器谐波特性分析

根据式（4-1）、（4-2）可以得到基波和三、五、七次谐波的标幺值随饱和度 β 之间的关系，如图4-7所示。

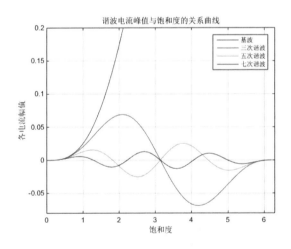

图4-7 基波和三、五、七次谐波的标幺值随饱和度 β 之间的关系

由图4-7可知，磁控电抗器电流的第 n 次谐波分量具有 n 个零值点和（$n-1$）个极值点，每个极值点都可以看作以 $\beta=\pi$ 为中心的对称分布，且各次谐波的最大极值点均靠近 $\beta=\pi$。

从数学上说，β 可以是任意值，但由此产生的谐波之间差别会很大。研究在不同容量下的谐波电流幅值相对于基波电流幅值的百分比没有多大意义。例如，当 MCR 的容量调整到较小值（相对于额定容量）时，某次谐波电流的幅值与该容量的基波幅值之比可能很大，但是谐波的绝对幅值却非常小。合理的谐波分析方法是在可控电抗器的整个容量调节范围内找出每个谐波电流的最大值，然后分别与额定基波电流进行比较以便可以分析由电抗器产生的谐波。

观察各次谐波峰值位置，并根据公式（4-2）进行计算，饱和度 β 在 0 ~ 2π 之间，统计各次谐波峰值与基波电流值关系如表 4-1 所示。

表 4-1　各次谐波峰值与基波电流值的关系表

饱和度 β	基波	三次谐波	五次谐波	七次谐波	百分比
0.9	0.0186			0.00575	30.91%
1.26	0.049		0.0156		31.84%
1.8	0.1315			−0.0104	7.91%
2.091	0.1947	0.0689			35.39%
2.511	0.3090		−0.0252		8.16%
2.7	0.3617			0.0129	3.57%
3.5832	0.6383			−0.0129	2.02%
3.77	0.6936		0.0252		3.63%
4.19	0.8048	−0.0689			8.56%
4.4832	0.8685			0.0104	1.20%
5.03	0.9517		−0.0156		1.64%
5.3832	0.9814			−0.00575	0.59%

由图 4-7 和表 4-1 可得出，各次谐波随着 β 增大，其峰值相对于基波峰值减小，β 在 0 ~ 2π 之间时，三次谐波所占百分比为最大，其次为五次、七次谐波。对于电抗器工作情况来说，处在 β 为 0 ~ π 时，谐波影响较大，β 为 π ~ 2π 时，谐波影响相对较小。当 $\beta=2\pi$ 时，电抗器达到饱和度、容量的最大值，此时其过载能力非常有限；反之，如果 β 很小，那么，它在短时间内承受过载的能力就很大，这种情况的话，是比较有利于对过电压进行限制的。

4.1.3　磁控电抗器的谐波抑制技术

谐波特性是磁阀式可控电抗器的重要性能指标，与磁阀结构密切相关。为了提升 MCR 性能，众多专家学者通过仿真建模的方法对 MCR 的磁阀结构进行了持续不断的优化。仿真建模的方法主要分为两大类：（1）等效电路法；（2）有限元分析法。利用第一类方法的研究有：2006 年武汉大学的田翠华等提出将磁控电抗器工作铁心设计为双级磁饱和结构，并建立了这种铁心结构的磁路数学模型，数值仿真和实验研究结果表明采用双级饱和铁心结构能将现有单级极限饱和结构的最大谐波含量由 7% 降低到 2.8%。2008 年安徽工业大学的徐杰提出了双极叠形磁阀结构，仿真实验表明，可以将现有的单级限饱和结构的最大谐波含量由 7% 降低到 1%。2011 年武汉大学的陈绪轩等在已有双级饱和 MCR 的基础上建立了双级饱和 MCR 的谐波优化数学模型，利用该模型可有效减小磁控电抗器在铁心磁饱和过程中输出电流所含的谐波。同年，陈绪轩提出了一种新型基于铁心分段饱和原理的多级饱和磁阀式可控电抗器的结构，可有效减小磁阀式可控电抗器输出电流中所含的谐波。2015 年兰州交通大学的石鹏太通过对分级磁阀结构的分析，提出了连续型磁阀。理论研究表明：连续饱和型磁控电抗器对除三次外的五、七次谐波电流有较好的抑制效果，均不超过额定电流的 0.8%。2016 年兰州交通大学的田铭兴建立了 n 级饱和磁阀式可控电抗器的磁化特性、电流特性的数学模型，从谐波、容量、结构复杂度等多方面进行综合分析，确立了相对最优的磁阀级数与尺寸设计方案。

利用有限元分析法进行磁控电抗器谐波特性研究的主要有：2015 年武汉大学的袁佳歆等利用有限元方法对 MCR 的谐波特性进行了研究。利用 ANSYS 软件建立了 MCR 的二维场路耦合模型，并进行了仿真分析。仿真结果与实验结果吻合良好。该研究表明考虑了漏磁和 MCR 结构的有限元仿真方法可以更精确地反映MCR 的谐波特性。2016 年兰州交通大学的位大亮等提出了一种基于铁心饱和原理的八字形分布式磁阀结构的电抗器，它能将输出电流中三、五和七次谐波快速降低到国标以内，还能明显减小磁阀处的横向磁场分量，减小铁心损耗。

4.2　磁控电抗器的振动噪声特性测试与分析

4.2.1　振动及噪声信号测试

1. 油浸式磁控电抗器结构

电抗器的主体结构主要包括箱体、油罐、铁心、绕组和夹件等。铁心受电磁力和磁致伸缩的作用产生振动噪声，绕组在漏磁场电磁力的作用下产生的振动噪声以及油箱上磁屏蔽的磁致伸缩等噪声，一起构成了电抗器的本体噪声。

虽然电抗器内部的振动复杂，但最终均通过油液及夹紧件由箱体表面向外辐射噪声，因此本书主要研究电抗器表面的振动特性及相应位置输出的噪声特性。为了探究电抗器的表面振动特性，测试了空载与载荷 18 600kvar 两种工况下的振动及噪声。为了方便分析，将油罐所处的一侧称为左侧面，其右侧称为正面。

2. **测点分布及测量设备**

测量时，为了较好地得到箱体的振动特性，如图 4-8 所示，将加速度传感器（INV9821）置于加强筋中间，加速度传感器通过磁座贴于箱体表面，所测加速度方向为垂直于测点所在面方向，在距离箱体 50cm 的对应位置处放置传声器（BSWA MA231）。使用 DASP V10 设备，多通道同时采集振动与噪声信号，各面测点编号如图 4-9 所示。通过预测试，确定主要振动频率范围为 0 ～ 2.5kHz。

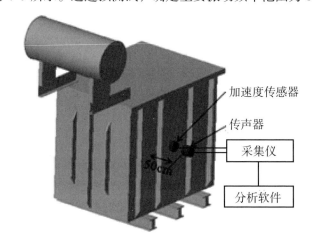

图 4-8　电抗器表面振动与噪声测量示意图

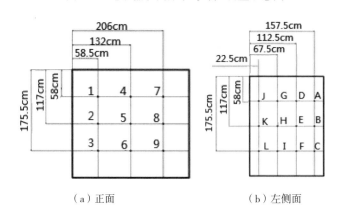

（a）正面　　　　　　　　　　（b）左侧面

图 4-9　各测点编号示意图

4.2.2 振动特性分析

1. 电抗器不同表面振动特性

测试得到电抗器箱体表面各测点的加速度时域数据，如图 4-10 至图 4-13 所示，可知箱体表面振动加速度时域信号非正弦周期曲线，周期 $T=0.01\text{s}$，其余测点数据见表 4-2。

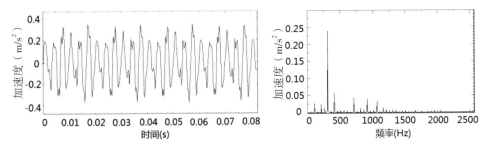

图 4-10 5号测点空载振动曲线

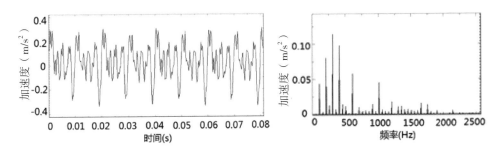

图 4-11 F测点空载振动曲线

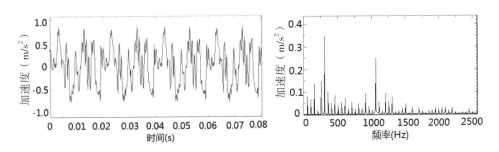

图 4-12 5号测点载荷 18 600kvar 振动曲线

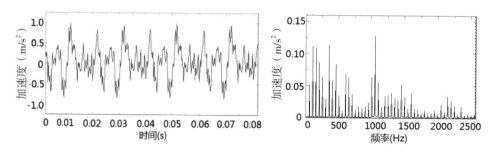

图4-13 F测点载荷18600kvar振动曲线

表4-2 各测点振动加速度总有效值

测点	加速度 / (m/s²)		测点	加速度 / (m/s²)	
	空载	18600W		空载	18600W
1	0.05022	0.26127	A	0.05682	0.22242
2	0.07068	0.22768	B	0.07322	0.18300
3	0.05267	0.25091	C	0.05908	0.25935
4	0.07806	0.25703	D	0.05140	0.16061
5	0.09742	0.28659	E	0.07803	0.19911
6	0.05441	0.23703	F	0.08060	0.17341
7	0.06753	0.24575	G	0.07267	0.19391
8	0.08141	0.20464	H	0.11907	0.23452
9	0.05108	0.23432	I	0.08810	0.23942
			J	0.04900	0.18842
			K	0.05836	0.20353
			L	0.06500	0.21846

由图可知，相同载荷下，不同表面上测点的振动加速度时域振动波形均不相同，振动幅值与谐波成分差异较大，侧面较正面含有更多的谐波成分。

2. 不同载荷下电抗器振动特性

空载时，正面各测点平均加速度为 0.06705m/s²，侧面均值为 0.07094m/s²，载荷18600kvar时，正面均值为 0.24502m/s²，侧面均值为 0.20635m/s²。载荷增加，箱体表面振动幅值随之增加，箱体正面的振动变化较侧面更大。

由图4-10至图4-13可知，同一测点，在不同载荷下振动幅值和谐波分量明显不同，在空载情况下，时域波形"毛刺"较少，低频谐波分量也更少，且幅值相差较大；在载荷 18 600kvar 下，谐波分量增加，且谐波幅值增加较明显。空载时，振动能量主要其中在 100 ～ 500Hz，其中 300Hz 最突出；载荷 18 600kvar 下，正面振动能量集中在 100 ～ 500Hz 和 800 ～ 1100Hz，侧面能量则在各频段均有较大值。

4.2.3 噪声特性分析

1. 环境噪声

多次测量取平均值，得出环境噪声为 45.66dB，环境噪声主要集中在低频部分，频率小于 18Hz。参考国标 GB 12348—2008《工业企业厂界噪声排放标准》（见表 4–3），测试环境噪声较低，符合测试要求。

表 4–3　标准限值等效声压级 dB（A）

类别	区域	白天	夜晚
I	居住、文教机关为主的区域	50	40
II	居住、商业、工业混杂区及商业中心	55	45
III	工业区	60	50
IV	城市中的道路交通干线道路两侧区域	70	55

2. 不同载荷下噪声特性分析

通过测试得到电抗器表面各测点 50cm 处的声压，各点测量值见表 4–4，图 4–14 至图 4–17 为各测点的噪声声压时域信号曲线，其信号为非正弦周期曲线，周期 $T=0.01s$。

空载时，对电抗器各测点声压级进行多次测量并取均值，正面总均值为 69.05dB，侧面总均值为 68.50dB；载荷 18 600kvar 时，正面总均值为 76.37dB，侧面总均值为 75.21dB。两种工况之下，正面总声压级均值增加 7.32dB，侧面总声压级增加 6.71dB。这表明电抗器噪声与载荷相关，且声压级随着载荷的增加而增加。

表 4–4　各测点声压总级值（A 计权）

测点	声压级/dB		测点	声压级/dB	
	空载	18 600W		空载	18 600W
1	65.85	74.55	A	67.60	74.93
2	68.19	76.32	B	65.61	76.73

（续表）

测点	声压级/dB		测点	声压级/dB	
	空载	18600W		空载	18600W
3	69.37	75.59	C	68.43	74.51
4	70.27	79.64	D	69.35	74.63
5	71.78	77.99	E	68.38	76.44
6	69.95	76.63	F	70.49	76.35
7	68.54	74.83	G	67.28	75.16
8	69.24	75.12	H	67.75	75.36
9	68.25	76.64	I	69.65	74.64
			J	68.70	73.49
			K	68.67	76.83
			L	70.04	73.46

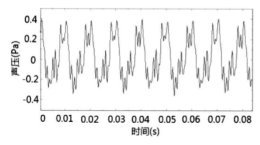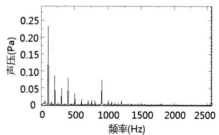

图4-14　5号测点空载声压曲线

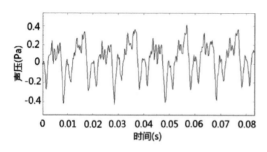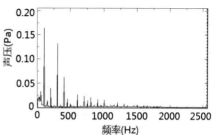

图4-15　F测点空载声压曲线

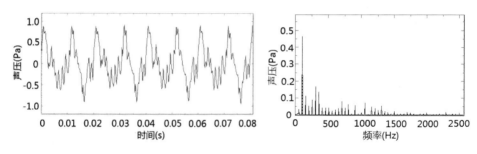

图4-16 5号测点载荷18 600kvar声压曲线

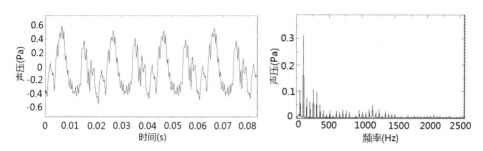

图4-17 F测点载荷18 600kvar声压曲线

相同工况下，电抗器正面与侧面输出噪声声压级接近，且频谱成分也较为相似，随着载荷增加，谐波分量增加显著。空载工况下，声能量主要集中在100 ~ 500Hz；载荷18 600kvar，100Hz处正能量更为突出，同时在100 ~ 500Hz和800 ~ 1 100Hz均有较大声能量。

3. 噪声与振动特性对比

电抗器的振动能量与声能量主要集中在100 ~ 500Hz，随着载荷的增加，声能量与振动能量均增加，且噪声与振动信号的谐波分量变化显著。声压频谱图与振动加速度频谱图在部分频段吻合度较低，可能是由于在该频段，电抗器内部主体产生的声波直接透过箱体传播到空气中。

噪声频谱的谐波分量的显著增加，直接证明了箱体的振动是噪声的重要来源，故降低箱体的振动，对控制电抗器的噪声具有重要意义。

4.2.4 小结

油浸式磁控电抗器工作时振动与噪声问题非常突出，研究电抗器的壳体振动对控制噪声有重要意义。本节对电抗器表面的振动加速度与相应位置的噪声声压级进行了测试与分析。结果表明，空载时，油浸式磁控电抗器噪声声压级总均值为 68.78dB，载荷 18 600kvar 时，总均值为 75.74dB；振动能量与声能量主要集中在 100 ~ 500Hz，随着载荷的增加，振动能量与声能量均显著增加，谐波分量随载荷变化明显，且箱体侧面较正面谐波分量变化更为明显。噪声信号频谱与振动信号频谱整体规律一致，谐波分量的变化表明箱体振动对电抗器噪声的影响显著。

4.3 磁控电抗器铁心振动仿真分析

4.3.1 电抗器振动电磁—机械耦合分析机理

磁致伸缩效应是指铁磁材料的尺寸或体积会在磁场作用下发生变化，根据变化的不同分为线磁致伸缩和体磁致伸缩。其中体磁致伸缩只出现在磁场强度大于饱和磁场强度 H，而且对于铁心这种铁磁性材料，体磁致伸缩变化很小，本文仅考虑线磁致伸缩。

电抗器运行时，由铁心构成的磁路中存在着交变电磁场，其中磁场的微分方程为

$$\sigma \frac{\partial \boldsymbol{A}}{\partial t} + \nabla \times \left(\mu_0^{-1} \mu_r^{-1} \nabla \times \boldsymbol{A} \right) = \boldsymbol{J}_e \qquad (4-21)$$

式中：σ 为介质电导率；$\boldsymbol{A}$ 为矢量磁位；μ_0 为真空磁导率；μ_r 为相对磁导率；$\boldsymbol{J}_e$ 为电流密度。

通过计算可得到电抗器铁心的磁感应强度 B、磁场强度 H 以及 $\boldsymbol{M}$。将求解出的电磁参数代入结构力学场中的振动方程即可实现磁场和结构力场的耦合。忽略电抗器铁心系统阻尼的影响，建立电抗器铁心振动方程为

$$\rho \frac{\partial^2 \boldsymbol{u}}{\partial t^2} = \nabla \cdot \boldsymbol{S} + \boldsymbol{F}_V \qquad (4-22)$$

式中，ρ 为密度；u 为位移；$\boldsymbol{S}$ 为应力张量；$\boldsymbol{F}_V$ 为体积力。

磁致伸缩材料中的应力为

$$\boldsymbol{S} = C_H : \left(\boldsymbol{\varepsilon} - \boldsymbol{\varepsilon}_{\mathrm{me}} \left(\boldsymbol{M} \right) \right) \qquad (4-23)$$

$$\boldsymbol{\varepsilon} = \frac{1}{2} \left[\left(\nabla \boldsymbol{u} \right)^T + \nabla \boldsymbol{u} \right] \qquad (4-24)$$

式中，由于铁心材料为各向同性，则弹性张量 C_H 可以用杨氏模量和泊松比这两个参数表示。

磁致伸缩应变由磁化场 **M** 的二次各向同性函数表示，即

$$\varepsilon_{\mathrm{me}}\left(\boldsymbol{M}\right)=\frac{3}{2}\lambda_{s}\left(\frac{\boldsymbol{M}}{\boldsymbol{M}_{s}}\right)^{2} \tag{4-25}$$

其中，λ_{s} 为饱和强磁化度 $\boldsymbol{M}_{s}$ 下的磁致伸缩系数。

本节通过对电抗器铁心电磁场的计算，根据铁心磁通密度计算得到硅钢片的磁致伸缩应变，结合结构瞬态动力学分析，即可得到铁心的振动。

4.3.2 磁控电抗器铁心仿真模型搭建

以 4.4kvar 单相磁控电抗器为分析实例，由于单相磁控电抗器铁心结构的对称性，取一半铁心作为分析模型，另一半铁心变化特性相同，只是在相位上相差 180°。本文所用的磁控电抗器的相关参数如表 4-5 所示。铁心模型见图 4-18。

表 4-5　单相磁控电抗器参数

产品型号	4.4kvar/220V
铁心长度/mm	270
铁心长度/mm	270
铁心长度/mm	60
控制绕组匝数	400
工作绕组匝数	72

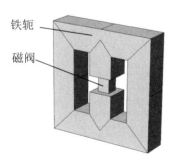
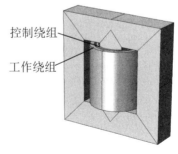

（a）铁心结构　　　　　　　　（b）绕组结构

图 4-18　单相磁控电抗器铁心结构图

中间铁心柱上设有集中式磁阀，将原绕组等效成控制绕组和工作绕组，控制绕组通入直流电流，工作绕组通入 220V，50Hz 的交流电流。铁心底部为固定约束。

设置计算步长为0.001s，计算时间为2个周期（即0.04s）。铁心材料参数见表4-6。铁心材料的 *B–H* 曲线见图4-19。从图中可以看出，当磁感应强度达到1.8T时，磁感应强度不再随着磁场强度的增大而快速增大，即当磁感应强度达到1.8T时，铁心接近于饱和状态。电抗器空载，即不加载直流电流激励时，铁心的磁感应强度应是接近此状态的。

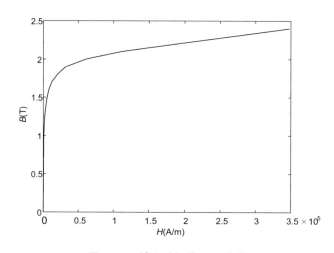

图4-19　铁心硅钢片 *B–H* 曲线

表4-6　铁心材料参数

参数类型	数值
电导率/（S/m）	$2e^6$
相对介电常数	1
密度/（kg/m³）	7870
杨氏模量/Pa	$1.2e^{11}$
泊松比	0.3
饱和磁化强度/（A/m）	$1.59e^6$

对铁心进行网格剖分，二维和三维单相磁控电抗器铁心剖分后的求解模型如图4-20所示。为提高求解精度，对铁心网格剖分进行细化，其中二维网格剖分共含有3146个单元，三维网格剖分共含有17198个单元。

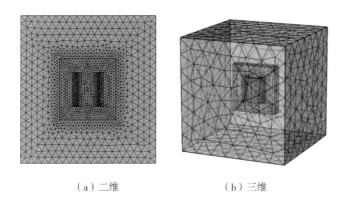

（a）二维　　　　　　　　　（b）三维

图4-20　二维和三维单相磁控电抗器铁心网格剖分图

4.3.3 磁控电抗器铁心振动仿真结果分析

1. 磁场计算结果分析

通过有限元法计算得到控制电流分别为2A、4A和6A时，二维和三维铁心磁场分布情况。图4-21为控制电流为6A时，二维模型铁心磁通密度正负半周期分布情况。正半周期铁心的磁通密度分布情况明显大于负半周期。正半周期最大磁通密度为1.88T，负半周期最大磁通密度为0.92T，差值为0.96T。

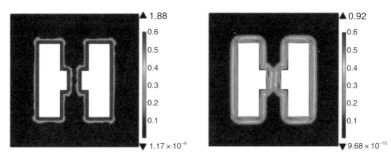

（a）正半周期　　　　　　　　　（b）负半周期

图4-21　控制电流6A时二维铁心磁通密度分布情况

控制电流为6A时三维铁心磁通密度正负半周期分布情况见图4-22。正半周期最大磁通密度为2.18T，负半周期最大磁通密度为1.26T，差值为0.92T。

观察二者图像可知，磁阀处的磁通密度明显大于其他部分的磁通密度，这与实际情况是一致的。6A时，二维结果的磁通密度整体小于三维的磁通密度。

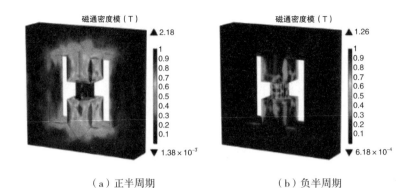

（a）正半周期　　　　　　　　　　（b）负半周期

图4-22　控制电流6A时三维铁心磁通密度分布情况

　　比较控制电流分别为2A、4A、6A时正负周期最大磁通密度及其差值的二维和三维的结果，见表4-7和表4-8。控制电流为2A和4A的结果与6A的结果整体是一致的，但在数值上有一定的差异。控制电流为2A时，负半周期的磁密相差最大，二维负半周期磁密与三维磁密的比值为66.5%，且比值随着控制电流的增大逐渐减少，控制电流为4A时，比值为69.3%；控制电流为6A时，比值为73%。正半周期磁密相差较小，控制电流为2A时，二维正半周期磁密与三维磁密的比值为87.9%，控制电流为4A时为86.3%，控制电流为6A时为86.2%，变化较小。

表4-7　二维模型不同控制电流正负周期最大磁密及其差值

控制电流/A	正半周期磁密/T	负半周期磁密/T	差值/T
2	1.75	1.03	0.72
4	1.82	0.97	0.85
6	1.88	0.92	0.96

表4-8　三维模型不同控制电流正负周期最大磁密及其差值

控制电流/A	正半周期磁密/T	负半周期磁密/T	差值/T
2	1.99	1.55	0.44
4	2.11	1.4	0.71
6	2.18	1.26	0.92

　　比较正负周期磁密的差值，随控制电流增大不断增大。二维和三维磁密差值相差较大，且二维差值整体大于三维差值，原因是上文分析的负半周期磁密二维和三维结果相差较大。由表可知，随控制电流的增大磁密差值越来越大，直流偏

磁现象越来越严重，且二维模型直流偏磁要大于三维模型。

2. 位移计算结果分析

基于上文磁通密度计算得到控制电流分别为2A、4A、6A时铁心位移分布情况。

其中控制电流为6A时二维铁心位移正负半周期分布情况见图4-23。与磁通密度分布相似，正半周期铁心位移明显大于负半周期，由于底部为固定约束，铁心位移从磁阀处开始，铁轭处位移最大。正半周期铁心最大位移为2.1μm，负半周期铁心最大位移为0.41μm，由于直流偏磁现象，负半周期铁心位移远小于正半周期。

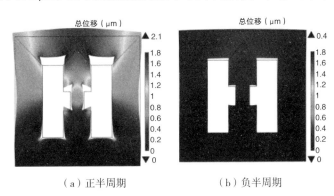

（a）正半周期　　　　　　　　（b）负半周期

图4-23　控制电流6A时二维铁心位移分布情况

控制电流为6A时三维铁心位移正负半周期分布情况见图4-24。位移分布情况与二维相似，正半周期铁心最大位移为2.46μm，负半周期铁心最大位移为0.36μm。二维的振动位移结果与三维的结果较为接近，二维正半周期的最大振动位移为三维结果的85.4%，负半周期为114%。

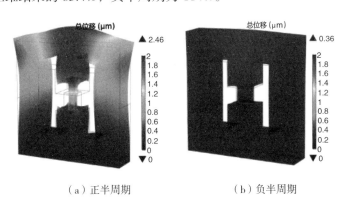

（a）正半周期　　　　　　　　（b）负半周期

图4-24　控制电流6A时三维铁心位移分布情况

为进一步分析铁心的振动位移和加速度情况，选定磁阀处一点 A，见图 4-25。绘制了 A 点的二维和三维振动位移变化曲线，见图 4-26 和图 4-27。

二者位移图像随时间的变化趋势基本一致，二维的最大位移为 1.96 μm，为最大位移的 93.3%；三维的最大位移为 2.35 μm，为最大位移的 95.5%。位移大小都比较接近最大位移，说明磁阀处的振动强烈。

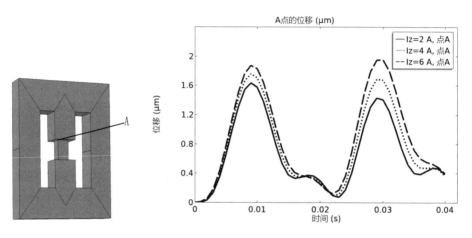

图 4-25　分析指定点　　　　图 4-26　二维铁心 A 点位移变化情况

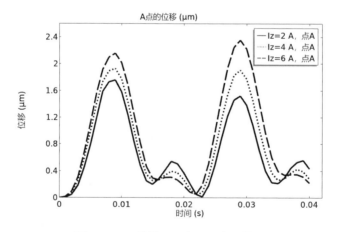

图 4-27　三维铁心 A 点位移变化情况

比较第一个周期控制电流分别为 2A、4A、6A 时正负周期最大位移的二维和三维的结果，见表 4-9 和表 4-10。

表4-9 二维A点不同控制电流正负周期最大位移及其差值

控制电流/A	正半周期位移/μm	负半周期位移/μm	差值/μm
2	1.64	0.47	1.17
4	1.76	0.34	1.42
6	1.87	0.33	1.54

表4-10 三维A点不同控制电流正负周期最大位移及其差值

控制电流/A	正半周期位移/μm	负半周期位移/μm	差值/μm
2	1.76	0.51	1.25
4	1.93	0.38	1.55
6	2.16	0.27	1.89

由表可知，A点二维的最大位移整体小于三维的最大位移。数值上的差异不大，但在差值上与磁通密度结果恰恰相反。在控制电流为2A、4A和6A时，二维差值小于三维差值。说明在振动位移上，直流偏磁对三维模型的影响大于二维模型。

另外，绘制了A点的二维和三维振动加速度变化曲线，见图4-28和图4-29。二者图形变化趋势保持一致，但二维数值整体小于三维。二维结果平滑性较好，控制电流为2A、4A和6A时振动加速度最大值分别为0.138 m/s^2、0.1460 m/s^2、0.151m/s^2，直流偏磁对最大加速度造成了一定的影响。但在三维结果中，部分点出现了畸变，这是因为对于三维铁心，其加速度有 x、y、z 三个方向，所以总加速度的变化更加复杂，容易产生畸变现象。

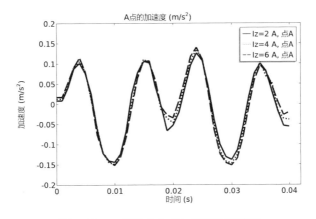

图4-28 二维铁心A点加速度变化情况

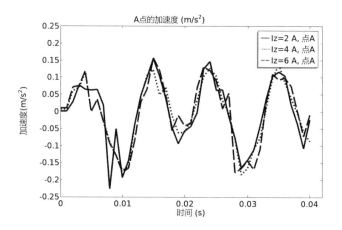

图4-29 三维铁心指A点加速度变化情况

3. 35WW230铁心硅钢片材料振动结果分析

铁心材料对电抗器的振动有较大的影响，为比较其影响，更改型号为35WW230的硅钢片作为铁心材料，除 *B–H* 曲线外，其余材料属性基本无变化或对电抗器振动无影响，不需要改变，35WW230铁心硅钢片 *B–H* 曲线图见图4-30。当磁感应强度达到1.6T时，铁心接近于饱和状态，相比原铁心材料降低了0.2T。

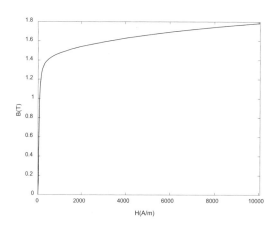

图4-30 35WW230铁心硅钢片 *B–H* 曲线图

对此计算得到二维 A 点位移和加速度情况。图 4-31 为铁心材料为35WW230二维模型的 A 点振动位移情况。对比两种铁心材料 A 点振动位移，新材料的振动位移的整体上有一定程度的减小，二维的最大位移出现在控制电流为 6A 时，大小为 1.74 μm，相比原铁心材料的 1.96 μm，下降了 11%。

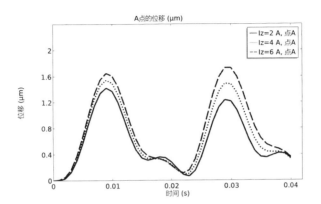

图 4-31　铁心材料为 35WW230 二维模型的 A 点振动位移情况

图 4-32 为铁心材料为 35WW230 二维模型的 A 点加速度情况。对比两种铁心材料 A 点振动加速度，新材料的振动加速度也有一定程度的减小。控制电流为 6A 时，二维振动加速度的最大值由原来的 0.151m/s^2 降低到 0.137m/s^2，降低了 9%。

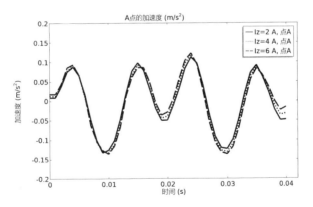

图 4-32　铁心材料 35WW230 二维模型的 A 点加速度情况

通过仿真发现，更改铁心 B–H 曲线，降低了铁心达到饱和时的磁感应强度值，铁心的振动位移和加速度的变化趋势与原铁心材料保持一致，但在数值上都有所降低。在实际情况中，同容量下降低铁心达到饱和时的磁感应强度值，会使电抗器铁心的规模增大，因此需结合实际情况具体分析。

4.3.4 小结

本节以 4.4kvar 单相磁控电抗器为分析实例，基于非线性各向同性磁致伸缩应变公式，对集中式磁阀电抗器铁心的磁通密度、振动位移和加速度进行二维和三维数值计算，分析得到以下结论。

（1）二维和三维铁心的磁通密度，在正半周期的结果较为接近，但在负半周期的结果相差较大，造成二维模型的直流偏磁现象要大于三维模型。

（2）二维模型正半周期最大位移小于三维模型最大位移，负半周期最大位移大于三维最大位移。通过对磁阀处 A 点振动位移分析可知，磁阀处的振动位移强烈，直流偏磁现象对三维模型的振动位移影响大于二维模型的振动位移。

（3）通过对磁阀处 A 点振动加速度分析可知，二维振动加速度结果平滑性较好，三维结果有一些畸变，总体趋势是一致的。

（4）更改牌号为 35WW230 的硅钢片作为铁心材料，铁心达到饱和时的磁感应强度值降低，使得磁阀处 A 点的振动位移和加速度都有所降低，总体变化趋势保持不变。

二维电抗器铁心磁力耦合有限元仿真在铁心磁通密度和位移上的计算与三维仿真的结果有一定的差值，但在仿真速度上有极大的优势。因此，在进行复杂电抗器铁心仿真时，如三相六柱式电抗器等，可预先进行二维模型的磁力耦合有限元仿真。

4.4 磁控电抗器铁心模态分析与噪声抑制

本节以 YMCR-5000kvar/38.5kV 电抗器为建模原型。利用有限元方法建立 MCR 铁心模型，结合设备具体尺寸参数，研究结构件对铁心模态的影响，仿真得到 MCR 铁心的模态振型和固有频率，最后基于模特分析结果完成磁控电抗器的减振降噪方案设计。

4.4.1 模态分析的有限元基本方程

模态分析是研究结构动力特性一种近代方法，是系统辨别方法在工程振动领域中的应用。模态是机械结构的固有振动特性，每一个模态具有特定的固有频率、阻尼比和模态振型。基于有限元法的结构动力学平衡方程为

$$[M]\{\ddot{u}\}+[C]\{\dot{u}\}+[K]\{u\}=\{R(u)\} \tag{4-26}$$

由于电抗器的模态分析是无阻尼静模态分析，得到无阻尼的自由振动方程为

$$[M]\{\ddot{u}\}+[K]\{u\}=\{0\} \tag{4-27}$$

设

$$\{u\}=\{\varphi\}\mathrm{e}^{i\omega t} \tag{4-28}$$

代入式（4-27）得

$$[K]\{\varphi\}=\omega^2[M]\{\varphi\} \tag{4-29}$$

令 $\lambda=\omega^2$ 为特征值，则

$$\big([K]-\lambda[M]\big)\{\varphi\}=0 \tag{4-30}$$

若 φ 存在非零解，必有

$$\det\big|[K]-\lambda[M]\big|=0 \tag{4-31}$$

可解得特征值（固有频率）和特征向量（振型）。

4.4.2　电抗器铁心的有限元建模

在三维建模软件中建立的 MCR-5000/38.5 电抗器铁心模型图和不完全装配体（缺少线圈）的模型图，如图 4-33 和图 4-34 所示。

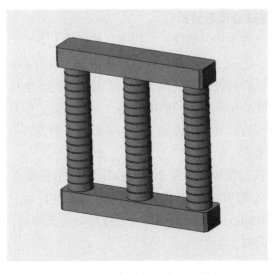

图4-33　电抗器铁心模型图

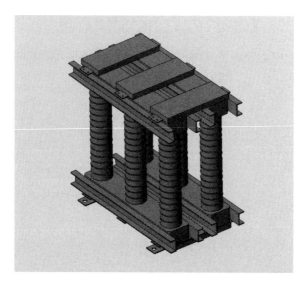

图4-34 电抗器不完全装配体模型图

将叠片铁心简化为一个整体，每个铁心柱子上均匀分布15个磁阀，上梁架、下梁架以及夹件之间的螺栓全部忽略。铁心窗高1 280mm、中间铁心柱直径为260mm，磁阀处直径为铁心柱直径的一半。下梁架底部为固定端。为方便计算，模型各部分的材料统一为结构钢，密度为7 850kg/m³，泊松比0.3，弹性模量2×10¹¹Pa，模型质量为6 895.5kg。

4.4.3 电抗器铁心模态分析

干式电抗器的结构主要包括铁心、线圈、夹件和上下梁架等结构件，由于线圈是通过环氧撑条、绝缘垫块等与铁心弹性连接，前期关于电抗器模态分析的研究中，对于电抗器线圈只做单独的模态分析，且其不同于电机内线圈，只环绕在心柱上，对电抗器铁心振动模态的影响较小，不予考虑。但是，夹件上下梁架等结构件作为电抗器结构的重要组成部分，与铁心的接触方式是刚性连接，对电抗器铁心的模态影响很大。

计算本电抗器铁心模型和不完全装配体模型前20阶模态，固有频率的计算结果见表4-11。铁心模型的前20阶固有频率处在650Hz以下，电抗器振动噪声频谱范围在0 ~ 1 000Hz之间，影响较大的振动处在低频段，计算前20阶固有频率就能满足计算需要。

表4-11　电抗器铁心模型和不完全装配体模型前20阶固有频率

阶次	铁心固有频率/Hz	不完全装配体固有频率/Hz	二者固有频率差值的绝对值
1	19.039	23.991	4.952
2	38.215	35.144	3.071
3	46.99	39.933	7.057
4	142.96	100.9	42.06
5	215.68	109.42	106.26
6	215.83	140.18	75.65
7	224.06	147.23	76.83
8	232.35	204.67	27.68
9	252.76	208.87	43.89
10	367.15	210.45	156.7
11	391.14	211.88	179.26
12	405.88	212.06	193.82
13	419.85	217.9	201.95
14	465.07	220.4	244.67
15	470.63	231.27	239.36
16	475.11	241.12	233.99
17	488.06	241.23	246.83
18	518.71	244.19	274.52
19	540.94	272.92	268.02
20	620.85	278.21	342.64

　　与铁心模型相比，不完全装配体的固有频率发生了很大变化。不完全装配体前20阶固有频率都处在300Hz以下，除前3阶固有频率外，其他阶固有频率都有较大程度的降低。而且4阶模态的频率100.9Hz与电抗器本身的振动频率100Hz十分接近，容易产生共振现象。在基频100Hz的倍频200Hz附近有多个与200Hz相近的模态频率，分别为8、9、10、11、12、13、14阶模态频率。在实际工况中，电抗器在倍频处的振动也是较大的，所以需要有效避免电抗器的固有频率接近倍频。由此可见，夹件、上下梁架等结构件对铁心固有频率的影响很大，因此研究电抗器铁心振动噪声问题时，一定要考虑结构件对电抗器铁心模态的影响，进而指导电抗器的结构设计。电抗器不完全装配体各阶模态的振型情况见图4-35。

图4-35　电抗器不完全装配体各阶模态的振型

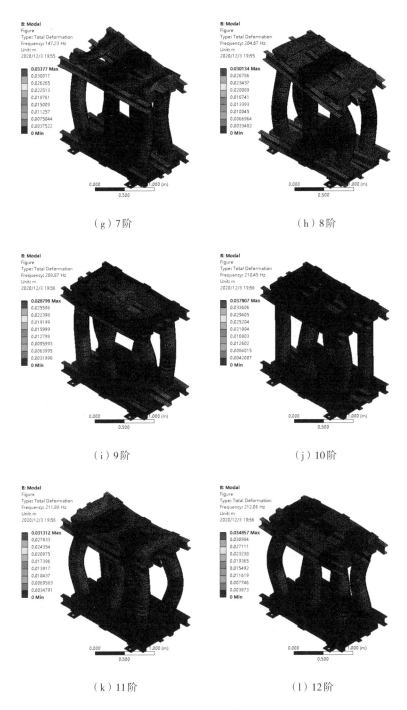

（g）7阶

（h）8阶

（i）9阶

（j）10阶

（k）11阶

（l）12阶

图4-35（续）

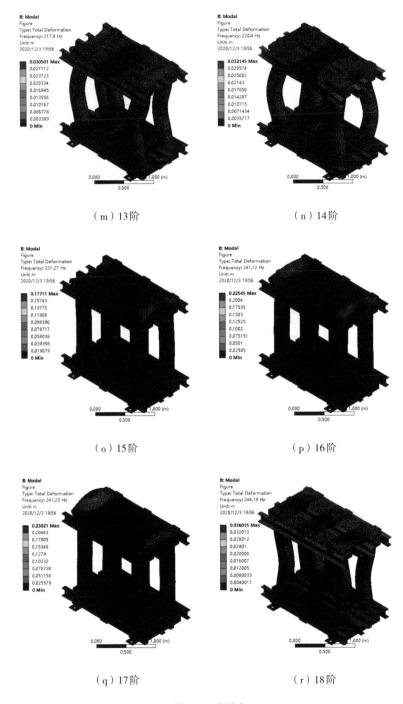

（m）13阶　　　　　　　　　　　　　　　（n）14阶

（o）15阶　　　　　　　　　　　　　　　（p）16阶

（q）17阶　　　　　　　　　　　　　　　（r）18阶

图4-35（续）

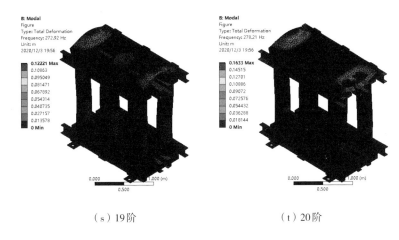

（s）19阶 （t）20阶

图4-35（续）

4.4.4 减振降噪方案设计

1. 金属橡胶隔振

隔振主要有主动隔振和被动隔振两种方式，其区别主要与振源有关。如本电抗器振源是铁心本身，为减少它对周围环境的影响，可使用隔振器来使它与箱体隔离。

对电抗器进行隔振设计时，可将电抗器简化等效成单质点模型，如图4-36所示。

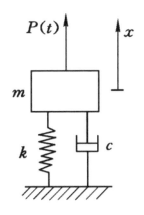

图4-36 隔振原理示意图

通过振动力学的知识，利用下式可以得到振动衰减系数 T。

$$\begin{cases} T = \sqrt{\dfrac{1+(2\xi\lambda)^2}{(1-\lambda^2)^2+(2\xi\lambda)^2}} \\ \lambda = \dfrac{\omega}{\omega_n}, \omega_n = \sqrt{\dfrac{K}{m}} \end{cases} \tag{4-32}$$

式中：λ 为油箱振动频率 ω 与隔振系统固有频率 ω_n 之比，ξ 为隔振系统有效阻尼比。

由于电抗器的噪声主要是箱体表面的振动造成的，而箱体表面的振动主要是由铁心在工作时磁致伸缩效应产生的振动所引起的，铁心的振动通过夹件和定位部件传递到箱体的顶部和底部，导致箱体表面的振动造成辐射噪声。因此考虑在箱底定位销处放置减振垫，通过其阻尼特性来衰减振动能量，并减弱振动的传递。

从传播路径出发，选用金属橡胶作为减振垫。金属橡胶放置在电抗器器身与下箱体的连接处，最大限度地将刚性连接转化为弹性连接，抑制振动的固体传递路径。金属橡胶作为一种多孔的功能性结构阻尼材料，是由不锈钢金属丝经过洗丝、烧丝、拉伸、编织和模压成型、清洗等过程制作而成。因其宏观上具有类似橡胶的大分子结构和弹性，又是全金属制品，因此称为"金属橡胶"。

电抗器的激励源基频为100Hz，铁心重10吨左右，预计放置6个金属橡胶，放置图见图4-37。联系金属橡胶厂家金擘机电科技有限公司，得知设计完成的隔振系统的 $\lambda \geqslant 5$，$\xi \approx 0.2$ 左右。

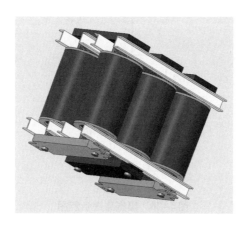

图4-37　金属橡胶减振示意图

这里假设频率比为 $\lambda = 5$，阻尼比 $\xi = 0.2$。计算隔振衰减系数 $T = 0.0928$，因振动衰减率 R $\approx$ 91%。

根据上文所述的隔振设计，经计算和联系厂家，隔振所用金属橡胶参数应为：单件尺寸规格直径约为 120mm；厚度约为 50mm；每个金属橡胶额定承载力额定约为 2 吨；竖向刚度约为 8kN/mm；额定承载变形小于 2mm；固有频率 ω_n 约为 20Hz，阻尼 $c = 16\,000\,\mathrm{N} \times \mathrm{m/s}$。

2.　油箱结构改进

通过分析可以知道，铁心的磁致伸缩及绕组振动产生的噪声分别是通过铁心垫脚和绝缘油两种方式传递给油箱，噪声在经油箱壁向周围放射。所以，对油箱进行适度的技术改造也能对电抗器噪声起到一定的抑制作用。

参照变压器，美国等先进国家开始试验采用弹簧金属片在变压器上安装高效隔音板，以便减少变压器本体的振动噪声，同样，也可以在变压器生产时在油箱内壁设置橡胶板，或在加变压器强筋间焊接普通工业钢板网，并涂刷厚的阻尼材料，以减少油箱壁的振动频率。因此，可以通过增加油箱阻尼或提高箱体刚性，减小箱壁振幅，达到降低振动噪声的效果。

对于目前油箱的结构，缺少一定数量的加强铁以增加油箱强度，对此增加加强铁数量可有效减少振动噪声。另外，可以通过在增设的加强铁内部灌入一定尺寸的沙粒来增加油箱阻尼，相于于增设隔音板，此方式可降低成本，降低本部分设计的复杂程度，提高可行性。除了填充沙子以外，还可以在加强铁上焊接阻尼钢板等。

4.4.5　减振降噪具体实施方案与效果

1.　具体实施方案与测试对象

综合考虑方案的可行性，以及与现有生产工艺的配合，具体实施过程中，采取了如下的减振措施：（1）油箱壁增加阻尼沙箱（见图 4-38）；（2）电抗器铁心底部加装 4cm 厚的硅橡胶垫。

减振降噪实施完成后，在杭州银湖电气设备有限公司厂房内进行了现场对比测试。测试对象为两台型号完全一致的 YMCR-5000kvar/38.5kV 的油浸式磁控电抗器，其中一台（以下简称 A）采取了减振措施，另一台（以下简称 B）未进行减振降噪措施。两台设备将在相同的条件下，进行振动和噪声测试。

图4-38　施加减振降噪措施的油浸式电抗器

2. 测试方法

因待测电抗器的背后有大容量变压器，在测试过程中产生较大的背景噪声，为了消除这一背景噪声，采取了两种测试方位。第一种是电抗器的正面与变压器平行，第二种是旋转90°，使电抗器的侧面与变压器正面平行。

第一种测试方位对应的测点位置如图4-39和表4-12所示。

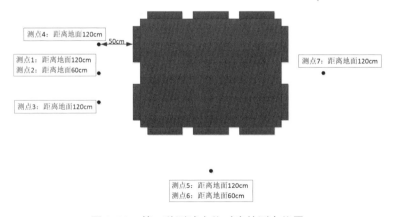

图4-39　第一种测试方位对应的测点位置

表4-12　第一种测试方位对应的测点位置

测点	位置
测点1	位于左侧面中间，距离箱面50cm，距离地面120cm
测点2	位于左侧面中间，距离箱面50cm，距离地面60cm
测点3	位于左侧面前侧沙箱中间，距离箱面50cm，距离地面120cm
测点4	位于左侧面后侧沙箱中间，距离箱面50cm，距离地面120cm
测点5	位于正面中间，距离箱面50cm，距离地面120cm
测点6	位于正面中间，距离箱面50cm，距离地面60cm
测点7	位于右侧面中间，距离箱面50cm，距离地面120cm

第二种测试方位对应的测点位置如图4-40所示和表4-13所示。

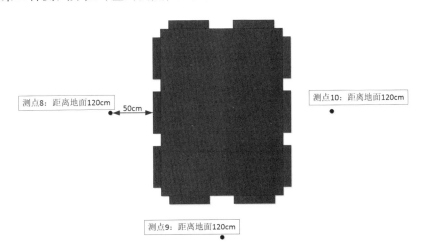

图4-40　逆时针旋转90°后的测点位置

表4-13　第二种测试方位对应的测点位置

测点	位置
测点8	位于左侧面中间，距离箱面50cm，距离地面120cm
测点9	位于正面中间，距离箱面50cm，距离地面120cm
测点10	位于右侧面中间，距离箱面50cm，距离地面120cm

3. 测试结果

图4-41及后续记录频谱分析的4幅图，从上到下分别为a、b、c、d；其中a和b代表传声器的频谱图，c和d代表振动传感器的频谱图，其中a与c对应，

b 与 d 对应。x–x 表示该频谱图与某测点相对应，即 b–5 表示从上到下第 2 幅图为 5 号测点传声器的频谱图。

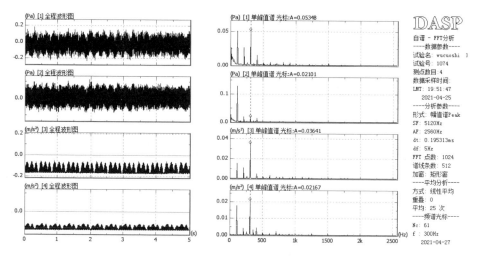

图 4–41　第一种测试方位、无措施（设备 B）、空载、120cm 高（a–1,b–5）

（1）无减振降噪措施——设备 B 的测试结果。

图 4–41 给出了第一种测试方位条件下，无减振措施的设备 B，在空载情形下的声音和振动频谱图，从图中可以看出，500Hz 以下的低频成分显著，且较为杂乱。表 4–14 给出了该种测试条件下的噪声声压级，其中测点 1 记录侧面噪声，测点 5 记录正面噪声，可以看出侧面噪声的声压级高于电抗器正面的声压级。

表 4–14　第一种测试方位、无措施（设备 B）、空载下的噪声声压级

位置	声压级 /dB			
测点 1	59.47	59.37	59.57	59.40
测点 5	57.91	58.18	58.51	58.20

表 4–15　第一种测试方位、无措施（设备 B）、满载下的噪声声压级

位置	声压级 /dB			
测点 1	68.57	68.49	68.91	68.66
测点 5	66.79	66.98	66.78	66.85
测点 7	69.33	69.41	69.36	69.37
测点 3	66.66	66.83	67.01	66.83
测点 4	69.91	70.24	70.05	70.07

表 4-15 给出了第一种测试方位下、无措施（设备 B）在满载下的噪声声压级，比较表 4-15 和表 4-14 可以看出，满载工况下，噪声声压级较空载工况增加 9dB，且侧面噪声仍比正面噪声高 1dB。图 4-42 至图 4-44 给出在该种测试条件下的振动和噪声频谱分布，从图中可以看出，较之于空载情形，满载下的振动和和噪声频谱在 500Hz 以上，仍有分布，显示出宽频的特性，同时振动和噪声的幅值也大大增加。

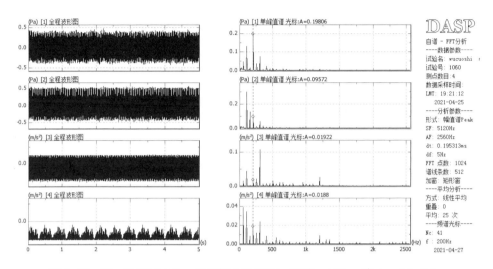

图 4-42　第一种测试方位、无措施（设备 B）、满载、120cm 高（a-1,b-5）

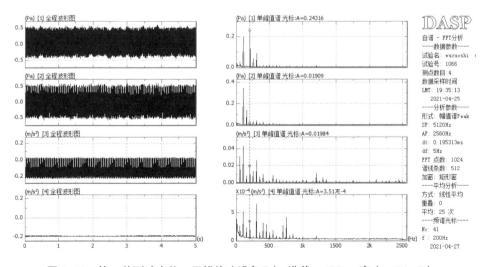

图 4-43　第一种测试方位、无措施（设备 B）、满载、120cm 高（a-3,b-5）

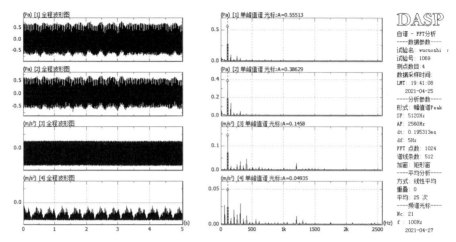

图4-44　第一种测试方位、无措施（设备B）、满载、120cm高（a-7,b-5）

表4-16给出了第一种测试方位、无措施（设备B）、满载、60cm高的声压级测试结果，相比于120cm的测位，噪声值略高一些，表明此时电抗器底部噪声贡献更多。图4-45给出了相应的噪声和频谱分析结果，可以看出有较多的高频振动和噪声成分。

表4-16　第一种测试方位、无措施（设备B）、满载、60cm高

位置	声压级/dB			
测点2	69.40	69.43	69.50	69.44
测点6	65.75	65.73	65.66	65.71

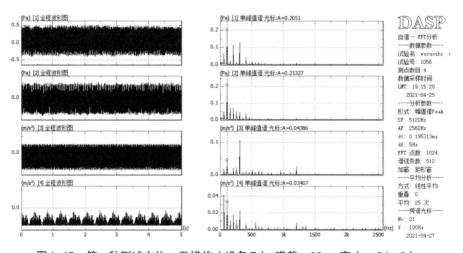

图4-45　第一种测试方位、无措施（设备B）、满载、60cm高（a-2,b-6）

（2）有减振降噪措施——设备 A 的测试结果。

表 4-17 给出了有减振措施的设备 A，在第一种测试方位、满载、120cm 高测点的声压级测试结果。测点 5 对应电抗器正面，测点 1 对应电抗器侧面。与表 4-15 相比较，可以看出，满载条件下，采取了减振措施的设备 A 正面噪声水平由 66.85dB 降低到了 62.89dB，降低了 3.96dB；侧面噪声水平由 68.66 降低到了 68.33dB。

表 4-17　第一种测试方位、有减振措施（设备 A）、满载、120cm 高

位　置	声压级 /dB			
测点 1	68.25	68.28	68.45	68.33
测点 5	63.07	62.99	62.62	62.89

图 4-46 给出了该条件下的振动和噪声频谱图，从图中可以看出，500Hz 以上的频谱成分得到了抑制，同时低频成分向 100Hz 集中，这表明油箱壁采取阻尼沙箱可以有效抑制油箱壁的高频噪声振动。

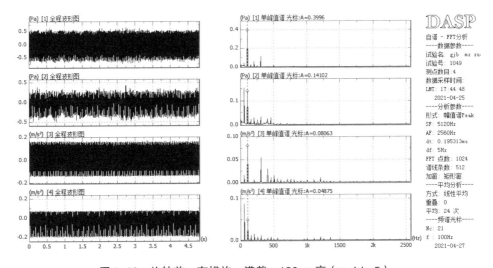

图 4-46　旋转前、有措施、满载、120cm 高（a-1,b-5）

表 4-18 给出了第一种测试方位、有减振措施（设备 A）、满载、60cm 高测点的测试结果，正面噪声的抑制效果 120cm 测点结果一致，侧面噪声平均值更高一些。图 4-47 给出了相应的振动和噪声频谱图，可以看出电抗器正面壁面的噪声和振动高频成分得到了较好抑制。

表4-18 第一种测试方位、有减振措施（设备A）、满载、60cm高

位置	声压级/dB			
测点2	69.23	69.68	69.75	69.55
测点6	63.07	62.99	62.62	62.89

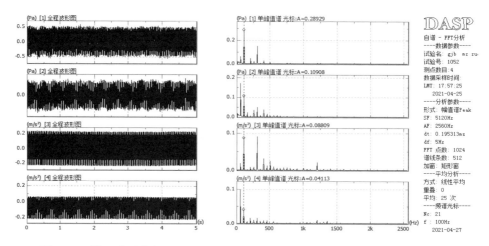

图4-47 第一种测试方位、有减振措施（设备A）、满载、60cm高（a-2,b-6）

（3）第二种测试方位下，设备A的测试结果。

为了研究变压器的噪声对电抗器噪声的测试结果的影响，第二种测试条件是将电抗器旋转90°，使其侧面位置与变压器平行。表4-19给出了第二种测试方位下（旋转后）、设备A（无措施）、满载、120cm高噪声测试结果。此时测点8和10对应电抗器的正面，测点9对应电抗器的侧面。结果表明，此种情况下电抗器两个正面的噪声声压级高于电抗器侧面。这种结果与第一种测试方位相反，表明变压器背景噪声对比邻的电抗器壁面噪声有较大影响。图4-48和图4-49给出了对应情形下的振动和噪声频谱分布，频谱分布与噪声声压级结果具有一致性。

表4-19 第二种测试方位下（旋转后）、设备A（无措施）、满载、120cm高

位置	声压级/dB			
测点8	70.15	70.44	70.40	70.33
测点9	69.05	69.11	68.78	68.98
测点10	70.40	70.14	70.50	70.35

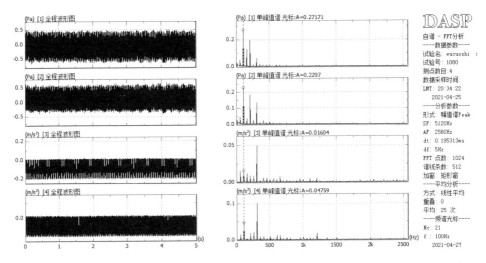

图4-48　第二种测试方位下（旋转后）、设备A（无措施）、满载、120cm高（a-8,b-9）

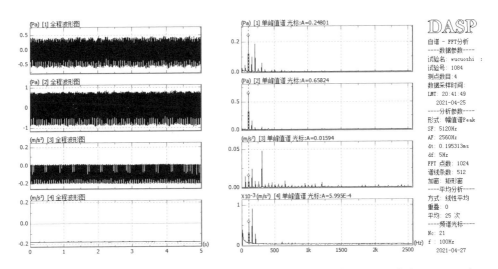

图4-49　第二种测试方位下（旋转后）、设备A（无措施）、满载、120cm高（a-8,b-10）

4. 结果分析与讨论

（1）满载情形下，采取降噪措施的设备B比未采取措施的设备A噪声声压级降低约4dB，表明降噪措施对正面声压有较好的抑制作用。

（2）降噪措施对侧面声压的抑制作用较小，可以从两方面进行解释：①变压器产生的背景噪声对侧面声压影响较大，掩盖了减振降噪结果；②电抗器的铁心结构，油箱壁的几何结构和力学特性，使得侧面产生振动和噪声。

4.4.6 小结

本节首先针对电抗器的铁心做了模态分析，在此基础上提出了可行的减振降噪方案：①油箱壁添加阻尼沙箱；②电抗器铁心柱底部增加 4cm 厚的硅橡胶垫。在 YMCR-5000kvar/38.5kV 油浸式电抗器予以了具体实施，测试结果表明，满载情形下，采取降噪措施的设备比未采取措施的设备噪声声压级降低约 4dB，表明降噪措施对正面声压有较好的抑制作用。考虑到增加阻尼沙箱的结构对外观影响小，结构的可靠性高，确定增加阻尼砂箱为有效的降噪措施。侧面阻尼砂箱的结构将在进一步的研究中予以改进，以有效降低磁控电抗器的整体噪声水平。

4.5 磁控电抗器损耗及温升特性研究

前面利用等效电路的方法对 MCR 进行了建模和仿真，重在考察 MCR 的电磁瞬态和稳态特性。由于等效电路的方法本质上还是一种集总参数法，不涉及 MCR 磁阀部位的具体结构，所以无法对 MCR 磁阀部分的损耗特性和温度分布进行研究。本章以实际运行的 MCR 为建模原型，均匀分布式磁阀为主要研究对象，利用有限元方法建立 MCR 的场路耦合模型，结合运行设备的具体参数，仿真得到 MCR 的磁通密度、损耗和温度分布规律。作为参照，本章对具有集中式磁阀和两侧分布式磁阀的 MCR 也进行了仿真研究，并与均匀分布式磁阀 MCR 结论进行了分析和比较。研究结论表明，均匀分布式磁阀 MCR 可以有效消除磁阀部分漏磁，进而降低整体损耗，但磁阀部位的温度仍显著高于其他部位。这也容易导致分散在铁心深处的环氧树脂板由于散热不畅，出现过热烧毁。更严重的是，一旦在装配过程中出现了错位，局部热点温度将会更高。这就需要在 MCR 设计阶段予以特别注意，同时在运行阶段对铁心磁阀部分的温度进行实时监测。

4.5.1 麦克斯韦方程组

麦克斯韦方程组可以非常简明地表述宏观电磁现象的基本规律。这一电磁场基本方程组由四个场量作为基本变量：磁场强度 H（A/m）、电场强度 E（V/m）、磁感应强度 B（T）和电位移向量 D（C/m²）；还有两个基本源量：电流密度 J（A/m²）和电荷密度 ρ（C/m³）。在静止媒质中它们之间的微分形式为

$$\nabla \times H = J + \frac{\partial D}{\partial t} \tag{4-33}$$

$$\nabla \times \boldsymbol{E} = -\frac{\partial \boldsymbol{B}}{\partial t} \tag{4-34}$$

$$\nabla \cdot \boldsymbol{B} = 0 \tag{4-35}$$

$$\nabla \cdot \boldsymbol{D} = \rho \tag{4-36}$$

对以上各式运用斯托克斯定理和高斯散度定理，就能导出对应的电磁场基本方程组的积分表达式，即

$$\int_l \boldsymbol{H} \cdot \mathrm{d}l = \int_S \boldsymbol{J} \cdot \mathrm{d}S + \frac{\partial}{\partial t} \int_S \boldsymbol{D} \cdot \mathrm{d}S \tag{4-37}$$

$$\int_l \boldsymbol{E} \cdot \mathrm{d}l = -\frac{\partial}{\partial t} \int_S \boldsymbol{B} \cdot \mathrm{d}S \tag{4-38}$$

$$\int_S \boldsymbol{B} \cdot \mathrm{d}S = 0 \tag{4-39}$$

$$\int_S \boldsymbol{D} \cdot \mathrm{d}S = \int_V \rho \, \mathrm{d}V \tag{4-40}$$

为表征媒质在电磁场作用下的宏观电磁特性，给出如下三个媒质的本构关系式，即

$$\boldsymbol{D} = \varepsilon \boldsymbol{E} \tag{4-41}$$

$$\boldsymbol{B} = \mu \boldsymbol{H} \tag{4-42}$$

$$\boldsymbol{J} = \gamma \boldsymbol{E} \tag{4-43}$$

其中，ε 为介电常数，μ 为磁导率，γ 为电导率。注意，这三个参数仅在各项线性同性媒质的情况下，才是简单的常数。MCR中使用的磁性材料，其 $B\text{-}H$ 曲线通常表现为含有磁滞效应和损耗的复杂的非线性曲线。

1. 时谐电磁场

在线性媒质、正弦激励且稳妥条件下，麦克斯韦方程组可改写成为不显含时间的复向量形式表达式，即

$$\nabla \times \dot{\boldsymbol{H}} = \dot{\boldsymbol{J}} + j\omega \dot{\boldsymbol{D}} \tag{4-44}$$

$$\nabla \times \dot{\boldsymbol{E}} = -j\omega \cdot \boldsymbol{B} \tag{4-45}$$

$$\nabla \times \dot{\boldsymbol{B}} = 0 \tag{4-46}$$

$$\nabla \times \dot{\boldsymbol{D}} = \rho \tag{4-47}$$

式中，以向量形式表示的各向量和源量仅为空间坐标下的函数，其模值大小为对应正弦量的有效值。

2. 解耦场向量微分方程

考虑到工程电磁场在实际工作中解决问题的需求，若直接应用麦克斯韦方程

组求解，则因在数学上多重耦合、多变量的微分方程组较难着手处理，因此人们乐于面对在解耦情况下分别由单个场向量所给定的微分方程。

对于线性、均匀且各向同性媒质，设场域中无自由电荷分布，对式（4-33）取旋度运算，并以式（4-43）和（4-42）代入（4-34），便得

$$\nabla \times \nabla \times \boldsymbol{H} = \nabla \times (\gamma \boldsymbol{E}) + \nabla \times \frac{\partial}{\partial t}(\varepsilon \boldsymbol{E}) = -\mu\gamma \frac{\partial \boldsymbol{H}}{\partial t} - \mu\varepsilon \frac{\partial^2 \boldsymbol{H}}{\partial t^2} \qquad （4-48）$$

由于

$$\nabla \times \nabla \times \boldsymbol{H} = \nabla(\nabla \cdot \boldsymbol{H}) - \nabla^2 \boldsymbol{H} = -\nabla^2 \boldsymbol{H} \qquad （4-49）$$

代入式（4-48），即得

$$\nabla^2 \boldsymbol{H} - \mu\gamma \frac{\partial \boldsymbol{H}}{\partial t} - \mu\varepsilon \frac{\partial^2 \boldsymbol{H}}{\partial t^2} = 0 \qquad （4-50）$$

同理可证

$$\left(\nabla^2 - \mu\gamma \frac{\partial}{\partial t} - \mu\varepsilon \frac{\partial^2}{\partial t^2}\right) \begin{Bmatrix} B \\ E \\ D \end{Bmatrix} = 0 \qquad （4-51）$$

在特定的情况下，基于以上各场向量的微分方程，可以归结为良性导电媒中的涡流方程（扩散或热传导方程），即

$$\left(\nabla^2 - \mu\gamma \frac{\partial}{\partial t} - \mu\varepsilon \frac{\partial^2}{\partial t^2}\right) \begin{Bmatrix} \boldsymbol{B} \\ \boldsymbol{E} \\ \boldsymbol{D} \end{Bmatrix} = 0 \qquad （4-52）$$

正弦稳态时变场中的涡流方程（向量形式的扩散或热传导方程），即

$$\left(\nabla^2 - \mu\gamma \frac{\partial}{\partial t}\right) \begin{Bmatrix} \dot{\boldsymbol{B}} \\ \dot{\boldsymbol{E}} \\ \dot{\boldsymbol{D}} \end{Bmatrix} = 0 \qquad （4-53）$$

3. 边界条件

对于电磁场问题的计算求解，通常可以得到很大结果，但其中有且仅有一个解是满足实际情况的真实解，为了能够得到与真实结果相符的解，首先必须知道所计算区域的边界条件。在电磁场计算问题中规定了物理量 u 在边界 S 上取值方式不同及线性关系不同而得到不同种类的边界条件。

常用的边界条件有：

（1）Dirichlet 边界条件（第一类边界条件）

$$u\big|_{S} = f_{1}(s) \qquad (4-54)$$

（2）Neumann 边界条件（第二类边界条件）

$$\frac{\partial u}{\partial n}\bigg|_{S} = f_{2}(s) \qquad (4-55)$$

（3）Robin 边界条件（第三类边界条件）

$$\left(\eta u + \beta \frac{\partial u}{\partial n}\bigg|_{S}\right) = f_{3}(s) \qquad (4-56)$$

4.5.2　有限元仿真与场路耦合方法

通过分析各类电磁场装置中的电磁场分布，可认为电磁场的正问题是指给定场的计算区域、各区域材料特性（电特性、磁特性、热特性），以及激励源的特性，求其求解域中场量随时间、空间变化的分布规律。因此，电磁场正问题的数值分析过程是首先根据麦克斯韦方程组，建立逼近实际工程电磁场正问题的连续型的数学模型；然后，采用相应的数值计算方法，经离散化处理，把连续型数学模型转化为等价的离散型数学模型——由离散数值构成的联立代数方程组（离散方程组），应用有效的代数方程组解法，计算出离散数学模型的离散解（即场量的数值解）；最后，在所得该电磁场正问题的场量（含位函数）离散解的基础上再经各种后处理过程，就可以求出所需的场域中任一点处的场强、任意区域的能量、损耗分布，以及力、力矩和各类电磁参数与性能指标等，达到对给定的工程电磁场正问题进行理论分析、工程判断乃至优化设计等目的。

1. 有限元原理

1965 年，Winslow 首先将有限元法应用于电气工程问题，其后，1968 年 Silvester 将有限元法推广应用于时谐场问题。发展至今，对于电气工程领域，有限元法已经成为各类电磁场、电磁波工程问题定量分析与优化设计的主要数值计算方法，并且无一例外的构成各种先进、实用计算软件包的基础。有限元法是变分原理为基础的一种数值计算方法。

2. 有限元求解过程

简单地说，有限元法就是用若干个子区域（或单元）去代替整个连续区域，这些区域的性质可用有限个自由度来恰当的描述，再用离散系统分析中数值分析的方法将其汇集在一起。

基于前述有限元法的变分原理，通常有限元法的应用步骤如下：

（1）问题分析与求解域定义：根据实际问题确定近似求解域的物理性质；

（2）求解域离散化：应用有限单元剖分场域，将求解域分解为有限个具有不同形状和大小且彼此相连的单元格，并选取相应的插值函数；

（3）确定状态变量及计算方法：一个具体的物理问题通常可以用一组包含问题状态变量的边界条件的微分方程式表示，为适合有限元求解，通常给出待求边值问题相应的泛函及其等价变分问题；

（4）求解单元格：对单元格构造一个适合的插值函数，选择适当的代数解法给出单元格状态变量的离散关系，从而形成单元矩阵；

（5）合成全局矩阵：将单元格的矩阵按照一定的编号规则，一一对应到整体编号矩阵中；

（6）联立方程组求解；将全局矩阵与待求函数联立，代入强制边界条件，用直接法或迭代法求解，即得到待求量。再应用电磁场关系，通过待求量计算出其他电磁参数。

4.5.3 电抗器场路耦合数学模型

1. 场路耦合有限元分析

前文中对麦克斯韦方程予以简单介绍，为了对散度和旋度进巧简化计算，引入标量电位（电势）φ 和矢量磁位（磁矢势）A 来描述电场强度和磁感应强度，即

$$\boldsymbol{B} = \nabla \times \boldsymbol{A} \tag{4-57}$$

$$\boldsymbol{E} = -\frac{\partial \boldsymbol{A}}{\partial t} - \nabla \Phi \tag{4-58}$$

磁矢势 A 在整个电抗器的磁场域都存在，包括电流区和非电流区。给电抗器加载交、直流激励源时，直流偏置电源所生的磁场对铁心磁导率的改变是稳定不变的，则交流工作绕组的电感变化只来自交流激励电源。引入库伦规范 $\nabla \cdot \boldsymbol{A} = 0$，则电抗器的电磁场方程可写为

$$\begin{cases} \Omega: \nabla \times \left(\frac{1}{\mu} \times \boldsymbol{A}\right) - \nabla \left(\frac{1}{\mu} \cdot \boldsymbol{A}\right) + \sigma \nabla \varphi + \sigma \frac{\partial \boldsymbol{A}}{\partial t} - J_{ac} = 0 \\ \Gamma_1: \boldsymbol{A} = \boldsymbol{A}_0 \\ \Gamma_2: \frac{1}{\mu} \nabla \times \boldsymbol{A} \times n = 0 \end{cases} \tag{4-59}$$

对以上的电磁场方程通过加权余量法进行 Galerkin 有限元离散，整理后可得到

$$\int_{\Omega}\left[\frac{1}{\mu}\nabla\times A\cdot\nabla\times N_i+\frac{1}{\mu}\nabla\cdot A\nabla\cdot N_i+\sigma N_i\frac{\partial A}{\partial t}+\sigma N_i\cdot\nabla\Phi-N_iJ_{ac}\right]dV=0 \quad （4-60）$$

其中 N_i 为权函数。为了使系数矩阵拥有良好的对称性，引入函数 φ，则上式可以改写成

$$\int_{\Omega}\left[\frac{1}{\mu}\nabla\times A\cdot\nabla\times N_i+\frac{1}{\mu}\nabla\cdot A\nabla\cdot N_i+\sigma N_i\frac{\partial A}{\partial t}+\sigma N_i\cdot\frac{\partial}{\partial t}\nabla\varphi-N_iJ_{ac}\right]dV=0 \quad （4-61）$$

忽略导体区内的涡流时，电流密度 J_S 和导体电流 i 有如下关系

$$J_S=\frac{N_\omega}{S_\omega}i(t)\cdot\boldsymbol{\tau}_\omega \quad （4-62）$$

式中，N_ω 为线圈匝数，S_ω 为线圈的截面积，$\boldsymbol{\tau}_\omega$ 为线圈的切向单位矢量。

将公式（4-62）代入式（4-61），进行单元离散，电磁场方程的总体合成矩阵方程为

$$\boldsymbol{K}A_phi+\boldsymbol{M}\frac{\partial}{\partial t}A\Phi-\boldsymbol{C}I=0 \quad （4-63）$$

式中，$\boldsymbol{K}$ 为劲度矩阵，$\boldsymbol{M}$ 为阻尼矩阵，$\boldsymbol{C}$ 为耦合劲度矩阵。

2. 场路耦合方程

交流工作绕组场路耦合的电流回路方程为

$$u=Ri+L\frac{di}{dt}+e \quad （4-64）$$

式中，u 为线圈外端电压，i 为回路电流，R 为回路等效电阻，L 为回路等效电感，e 为交流工作绕组中感应电动势。

线圈的总磁链数可计算为

$$\Psi(t)=\frac{1}{i(t)}\sum_{k=1}^{W}\Psi_k(t)i_k(t)=\frac{1}{i(t)}\sum_{k=1}^{W}\int A(t)\cdot i_k(t)dI=\frac{1}{i(t)}\sum_{k=1}^{W}\int A(t)\cdot J(t)dV \quad （4-65）$$

将公式（4-62）代入公式（4-65）可以得到

$$\Psi(t)=\frac{N_\omega}{S_\omega}\int A(t)\cdot\tau_\omega dV \quad （4-66）$$

由法拉第电磁感应定律，线圈感应电动势可以表示为

$$e(t)=\frac{\psi(t)}{t}=\frac{N_\omega}{S_\omega}\frac{\partial}{\partial t}\int_{V_m}A(t)\cdot\tau_\omega dV \quad （4-67）$$

将公式（4-67）代入公式（4-64）可得

$$u=Ri+L\frac{\mathrm{d}i}{\mathrm{d}t}+\frac{N_\omega}{S_\omega}\frac{\partial}{\partial t}\int_{V_m}A(t)\cdot\tau_\omega dV \tag{4-68}$$

写成矩阵形式有

$$C^T\frac{\partial}{\partial t}A+L\frac{\mathrm{d}}{\mathrm{d}t}I+RI=u \tag{4-69}$$

将公式（4-63）与公式（4-69）联立可以得到场路耦合模型为

$$\begin{bmatrix} K & -C \\ 0 & R \end{bmatrix}\begin{bmatrix} A_\ddot{o} \\ I \end{bmatrix}+\begin{bmatrix} M & 0 \\ C^T & L \end{bmatrix}\frac{\mathrm{d}}{\mathrm{d}t}\begin{bmatrix} A \\ I \end{bmatrix}=\begin{bmatrix} 0 \\ u \end{bmatrix} \tag{4-70}$$

只要已知条件 u，就可以得到此时矢量磁位 A 以及瞬变电流 i。

4.5.4 二维MCR电-磁-热仿真

1. MCR实际设备参数

表4-20给出根据浙江某地已投入运行的 MCR 参数。

表4-20 MCR参数

额定容量	额定电压	额定频率	额定电流	抽头比
10MVA	35kV	50Hz	165A	0.01

2. 有限元仿真架构与设置

（1）外接电路仿真设置。

有限元软件模拟 MCR 的单相外接电路图如图 4-50 所示。整流电路由脉冲发生器和压控开关组成，R_1、R_2 为线圈自身所具有的电阻，AC 为输入电压。表4-21 给出脉冲发生器具体设置参数，表4-22 给出单相 MCR 电路仿真参数。

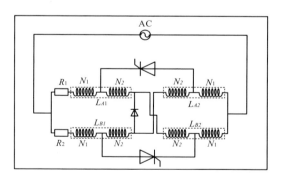

图4-50 MCR单相外接电路图

表4-21 脉冲发生器设置参数

导通角	初始电压	峰值电压	初始电压	上升时间	下降时间	脉冲宽度	脉冲周期
$\pi/10$rad	0V	10V	0.001V	0ms	0ms	9ms	20ms

表4-22 单相MCR电路仿真参数

名称	值
额定电压/kV	$35/\sqrt{3}$
额定周期/ms	20
R_1/Ω	1
R_2/Ω	1

（2）铁心硅钢材料与能量损耗公式。

MCR磁阀由硅钢片和环氧树脂版混合堆叠而成，本次仿真选用日本新日铁20HX1200为铁心硅钢材料。图4-51为20HX1200材料的B–H磁化曲线。

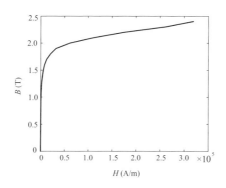

图4-51 新日铁硅钢磁化曲线

根据Bertotti分立铁耗计算模型知，MCR铁心损耗主要包括磁滞损耗、涡流损耗和附加损耗。铁心损耗计算公式为

$$P_{Fe}=P_h+P_c+P_e \tag{4-71}$$

其中，磁滞损耗为

$$P_h=K_{h,}fB^2 \tag{4-72}$$

$$P_h=K_h(fB)^2 \tag{4-73}$$

$$P_e=K_e(fB)^{15} \tag{4-74}$$

根据新日铁硅钢B–H磁化曲线，利用有限元内嵌拟合算法，得到此材料磁滞损耗系数K_h，涡流损耗系数K_c和附加损耗系数K_e，如表4-23所示。

表4-23 铁心损耗系数及材料密度

K_h/（W/m³）	K_c/（W/m³）	K_e/（W/m³）	ρ/（kg/m³）
142.846	0.140427	0.89844	7600

（3）磁阀结构。

除重点研究均匀分布式磁阀结构，本次仿真也将集中式磁阀结构与两侧分布式磁阀结构作为对比对象同时考虑。图4-52给出三种磁阀结构示意图，其中图4-52（a）中MCR采用集中式单磁阀，将环氧树脂板构成的绝缘部分集中在铁心柱两侧，构成磁阀。图4-52（b）中所示MCR采用两侧分布式磁阀，其中直径较小处两侧为环氧树脂板。磁阀均匀分布在铁心两侧，两两间距相等。图4-52（c）给出均匀分布式磁阀结构，即是将以往集中分布的磁阀段依照实际情况整体均匀分散分布。三种MCR除磁阀结构不同外，其他各项参数均相同，具体参数由表4-24给出。

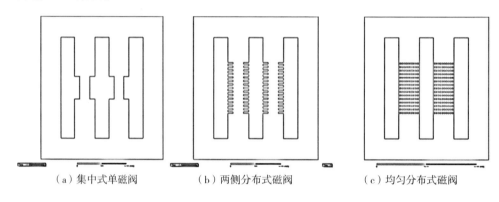

（a）集中式单磁阀　　　　（b）两侧分布式磁阀　　　　（c）均匀分布式磁阀

图4-52 三种典型磁阀结构

表4-24 MCR的具体参数

参数	集中式单磁阀	两侧分布式	均匀分布式
长/m	2.534	2.534	2.534
高/m	2.832	2.832	2.832
深/m	0.3	0.3	0.3
铁心直径/m	0.416	0.416	0.416
上下轭宽/m	0.416	0.416	0.416
旁轭宽度/m	0.416	0.416	0.416
磁阀总高/m	0.45	0.45	0.45

参数	集中式单磁阀	两侧分布式	均匀分布式
磁阀个数	1	15	150
匝数比	1000/10	1000/10	1000/10

（4）仿真步长与初值设置。

由于仿真结构的几何尺寸为实体尺寸，网格数量巨大，为使MCR尽快由暂态过程进入稳态，在运行开始前给MCR各个线圈设定一个初始电流，以达到使仿真尽快进入稳态的目的。此外，仿真步长对仿真结果的正确与否，起着至关重要的作用。采用表4-25所给设置参数，可以使得仿真结果快速收敛并有效。

表4-25　起始电流和步长

参数	集中式单磁阀	两侧分布式	均匀分布式
电流/A	1.42	2.42	1.43
步长/ms	0.05	0.05	0.05

3. 二维仿真结果分析

（1）电流仿真结果。

三种不同磁阀结构的MCR仿真运行结束后，除电流峰值不同外，电流的暂态波形非常一致。图4-53给出均匀分布式磁阀结构的MCR电流暂态变化图。其中左上为MCR的工作电流，右上为左右支路电流，左下为左右晶闸管电流波形图。从图中可以看出，当左右晶闸管分别导通后，直流电流流入左右支路，使得左支路电流向电流正半轴偏置，右支路电流向电流负半轴偏置。随着时间推移，直流偏置越来越大，左右直流也更加偏向正负半轴。右下为二极管电流，起到续流作用，保障MCR工作的顺利进行。

图4-54给出了三种MCR的工作电流对比图。从图中可以看出，相同条件下，两侧分布式磁阀和均匀分布式磁阀MCR总电流较大，即具有更大的容量。因此，在输送电压相同的情况下，满足相同的容量要求，两侧分布式磁阀和均匀分布式磁阀MCR所需要的线圈匝数小于集中式单磁阀MCR。值得注意的是，两侧分布式MCR的工作电流大于集中分布式MCR的工作电流，这是因为单段磁阀分为串联的几段磁阀的结构，可以减小边缘效应，进而减小MCR中工作绕组中的电感值。但是均匀分布式的工作电流为何略小于两侧分布式的，尚需进一步的研究。

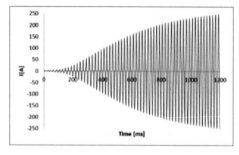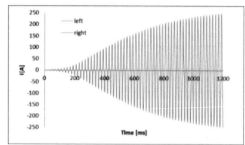

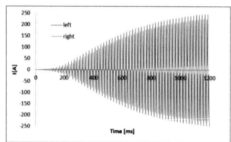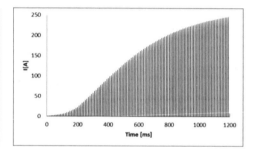

图4-53 MCR电流波形图

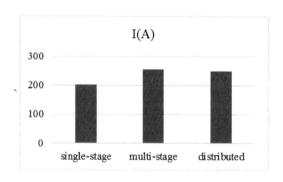

图4-54 三种磁阀MCR工作电流幅值

（2）磁感应强度分布比较。

图4-55给出三种MCR在第59个周期时，磁感应强度分布图，主要区域磁感应强度值见表4-26。

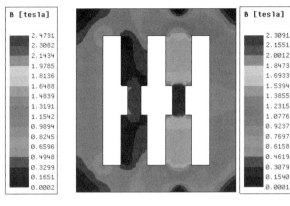 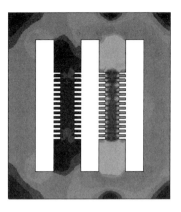

（a）集中式单磁阀磁感应强度B分布　　　　（b）两侧分布式磁阀磁感应强度B分布

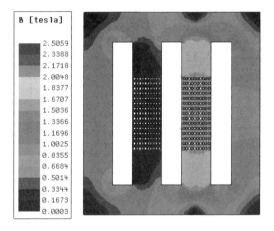

（c）均匀分布式磁阀磁感应强度B分布

图4-55　磁感应强度分布图

表4-26　主要区域磁感应强度

区域	集中式单磁阀	两侧分布式	均匀分布式
左磁阀/T	0.6	0.4	0.3
右磁阀/T	2.44	2.31	2.47
右直角处/T	1.4	1.2	—
右直角处/T	1.4	1.2	—

表中右直角处是指右柱磁阀和铁心柱相接截面的直角处，此处漏磁大，磁感应强度小，均匀分布式不存在此结构，从而减小了漏磁。对比三种不同的磁阀结

构不难发现其左右两铁心柱饱和状态相一致，同一时刻有且只有一柱可以进入饱和状态，这与 MCR 基本原理相符合。分布式磁阀漏磁较少，集中式单磁阀和两侧分布式磁阀均存在较为明显的漏磁现象，理论上此两种磁阀损耗应大于均匀分布式。

现对均匀分布式 MCR 磁感应强度进行更为详细的分析。图 4-56（a）为稳态时刻 MCR 第一相左侧铁心磁阀饱和时的磁感应强度分布情况，此时 MCR 第一相左侧铁心绕组晶闸管处于导通状态，直流磁感应强度和交流磁感应强度方向相同，直流磁感应强度和交流磁感应强度叠加致使总磁感应强度增大，磁阀饱和。图 4-56（b）为同一时刻下，MCR 磁感应强度矢量图。箭头密集程度和颜色代表磁感应强度大小；箭头朝向代表磁感应强度走向。从图中可以看出其磁感应强度大小分布与左图相一致。交流磁感应强度经铁心柱和上下轭形成交流磁感应强度环路；直流磁感应强度在相内形成直流磁环路。

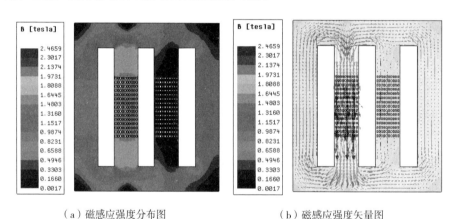

（a）磁感应强度分布图　　　　　　（b）磁感应强度矢量图

图4-56　均匀分布式磁阀磁感应强度B分布图

图 4-57 为同一时刻，MCR 几处典型直线位置上磁感应强度分布曲线图。左上图表示非磁阀上水平直线磁感应强度分布，右上图表示磁阀上水平直线磁感应强度分布。两图中可以看出磁感应强度主要集中分布为四个区域，中间两区域对应两个铁心柱，两侧区域对应两个旁轭。左上图中，在磁阀处有硅钢片的位置磁感应强度极强，因为此处硅钢片面积缩小为原来的一半，磁感应强度增大为原来的两倍。在环氧树脂板位置处磁感应强度为零。右上图中，在竖直方向与磁阀硅钢相交的部分磁感应强度较大，在竖直方向与磁阀环氧树脂板相交的部分磁感应强度较小。左下图给出磁阀处竖直直线上磁感应强度，右下图给出非磁阀上竖直

直线磁感应强度分布。两图磁感应强度分布大致左右对称，上下轭磁感应强度大于磁阀处磁感应强度，上下轭磁感应强度小于非磁阀处磁感应强度。左下和右下图中的曲线均有十五处转折点，对应实际 MCR 的十五处分布式磁阀。

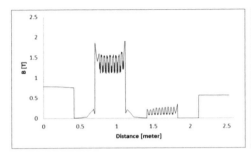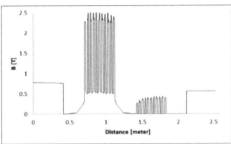
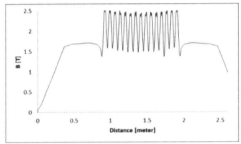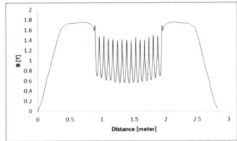

图 4-57　特殊位置直线上磁通密度分布

4. 铁心损耗对比

表 4-27 为 MCR 铁心损耗数值计算表，比较发现，在其他参数完全相同，仅磁阀结构不同的情况下，集中式单磁阀 MCR 铁心损耗最大，两侧分布式磁阀 MCR 铁心损耗次之，分布式 MCR 铁心损耗最小。

表 4-27　MCR 铁心损耗

损耗	集中式单磁阀 MCR	两侧分布式 MCR	均匀分布式 MCR
质量/kg	11970	11970	11970
体积损耗/（kW/m³）	8.42	8.08	8.00
质量损耗/（kW/kg）	0.703	0.675	0.668

5. 二维 MCR 铁心温度场仿真计算

一旦得到 MCR 铁心损耗，通过求解稳态热扩散方程可以得到铁心的温度分布，即

$$k\left(\frac{\partial^2 T}{\partial x^2} + \frac{\partial^2 T}{\partial y^2}\right) + qv = 0 \tag{4-75}$$

其中，T为温度，k为材料导热系数，qv为热源密度，即上节中得到的MCR铁损失量。为了降低计算复杂度，采用牛顿冷却定律建立了固体铁心与周围油层的界面模型，即

$$q = h\left(T_S - T_{oil}\right) \tag{4-76}$$

其中，q为通过边界的对流热通量，T_{oil}为油温，T_s为铁心表面温度，h为对流换热系数。

利用 COMSOL 软件模拟了 MCR 铁心的稳态温度分布，在两种情况下进行了仿真：在第一种情况下，假设 MCR 外的油始终为 293K，可以对应冷启动情况，此时变压器油尚未发生自然对流。这种情况下铁心的温度分布如图 4-58 所示。很容易看出 MCR 的两个分支的中心部分处于最高温度，这些部分正是磁阀的位置。图 4-59 为图 4-58 中与线 1 和线 2 对应的温度分布图，从图 4-59 中可以看到温度分布的更多细节。从这两条曲线可以看出，2 号线对应的整体温度要高于1 号线对应的温度。在中间部分，温差高达 4K。这可以由线 2 上的磁密度远高于线 1 上相应区域这一事实来解释。同样值得注意的是，在磁阀密集分布的两条曲线的中心部分，存在着温度的波动。

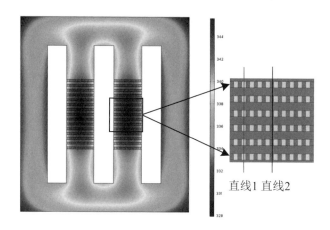

图4-58　冷启动时MCR的温度分布

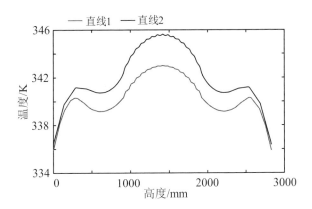

图4-59　直线1和直线2温度曲线

第二种情况下，MCR已处于稳态，变压器油开始自然对流，使得顶层油温为363K，底层油温为293K。铁心的二维温度分布如图4-60所示。可以看出，温度最高的部位已经移至铁心上轭。图4-61给出MCR铁心在热态时沿1号线和2号线的温度分布曲线，可以看出，尽管最高温度点出现在上轭顶部，但是磁阀集中分布的区域仍然是局部热点。综合两种情况，容易地观察到，在MCR铁心的磁阀集中区域，热源强度大，平均温度相对高。此外考虑到，环氧树脂与硅钢导热系数相差较大，更容易成为局部热点高发区。在长期运行过程中，会导致绝缘材料老化失效，进而出现烧毁现象。

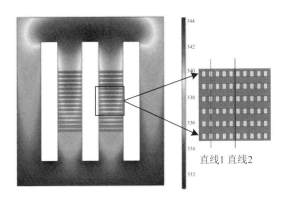

图4-60　热对流充分发展时MCR铁心温度

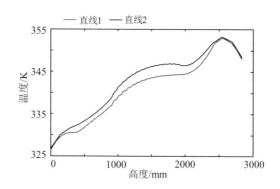

图4-61　直线1和直线2温度曲线

6. 分布式磁阀不规则排布的影响

在 MCR 的实际生产中，由于硅钢片的切片和磁阀排布工艺的不理想，容易使得铁心磁阀分布不均匀，导致局部磁阀过密，如图 4-62 所示。

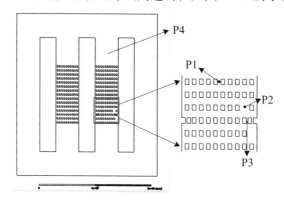

图4-62　不规则磁阀排布

图 4-62 中 P1 为正常磁阀，P2 处因环氧板缺失导致磁阀过疏，P3 处因环氧板过多导致磁阀过密，P4 为非磁阀段。P1、P2、P3、P4 处平均损耗如图 4-63 所示。

由图 4-63 可以看出，P3 处的平均损耗最大，高达 2.6056W/kg，而 P4 处平均损耗只有 1.0498W/kg，磁阀过密处平均损耗可达到铁心非饱和段平均损耗的 2.5 倍。由此可知，磁阀过密处的局部热源强度较大，而铁心中部散热条件又较差，局部温度热点的问题将更为突出，进而影响 MCR 的正常工作。

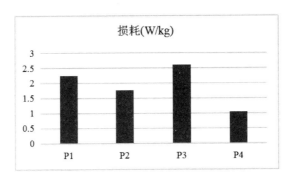

图4-63 P1、P2、P3、P4处平均损耗

4.5.5 小结

本节以一台实际运行的 10MVA/35kV MCR 几何尺寸和额定参数为基础，利用有限元仿真软件，针对实际使用的均匀分布式磁阀结构的 MCR，建立了相应的场路耦合仿真模型。为了更好地对其电磁、损耗和温度分布进行分析，同时建立集中分布式和两侧分布式磁阀 MCR。该模型可在不同触发角的控制条件下，快速得到 MCR 的电磁暂态过程，以及稳态下铁心内的磁通密度、损耗及温度分布。在此基础上，探究了均匀分布式磁阀结构因生产工艺导致的磁阀排布不规则对 MCR 特性的影响，仿真结果表明如下：

（1）与集中式磁阀 MCR 相比，分布式磁阀能有效降低漏磁，降低涡流损耗。相同运行工况下，基于均匀分布式磁阀的 MCR，其总损耗比集中分布式磁阀 MCR 低 5.2%。

（2）在相同的触发角控制下，采用分布式磁阀可以获得更大的工作电流。其中均匀分布式磁阀 MCR，其工作电流比集中式磁阀 MCR 大 22%。表明在相同额定容量下，采用均匀分布式磁阀可减少线圈匝数，降低设备的体积和生产成本。

（3）MCR 铁心温度场的二维仿真结果表明，在 MCR 铁心的磁阀集中部位，热源强度大，平均温度高，容易成为局部热点。此外，当不理想加工条件使得磁阀局部出现异位分布时，会出现局部磁密异常升高，损耗最高可达到正常分布磁阀损耗的 2.5 倍，导致环氧树脂加速老化，进而出现烧毁情形。

（4）当 MCR 采用油冷却方式时，由于绝缘油的热流动，MCR 的最大温度分布在其中部及上部的位置，上层温度比下层温度高 30℃。因此对铁心磁阀进行温度监测时，测温点应重点布置在中上部。此外，为减小对绝缘油流动的阻碍，应控制测温光纤的数量。

（5）对 MCR 铁心磁阀的纵向温度场仿真结果表明，磁阀段比非磁阀段温度高为 2℃左右。因此，测温点可优先选择布置在中上部的磁阀处。

4.6　磁控电抗器运行状态检测系统

磁阀式可控电抗器 MCR 运行状态检测系统，主要由 MCR 参数合并单元、光纤测温单元、激磁电流检测、振动监测单元、MSVC 测控主机和微机信息屏六部分构成，系统整体组柜安装在 MSVC 状态测控屏柜内，屏柜满足户外环境工作要求，可就近安装在磁控电抗器附件。

4.6.1　磁控电抗器运行状态检测系统方案

1. MCR 运行状态检测系统

MCR 状态测控屏柜就近安装电抗器现场附近，光纤测温变送器安装在电抗器油箱顶部的光纤测温引出法兰盘上，激磁电流检测与 SCR 晶闸管状态检测单元安装磁阀驱动箱体内部，两者各通过一对多模光纤连接到 MSVC 状态测控屏柜。MSVC 状态监测系统框图如图 4-64 所示。

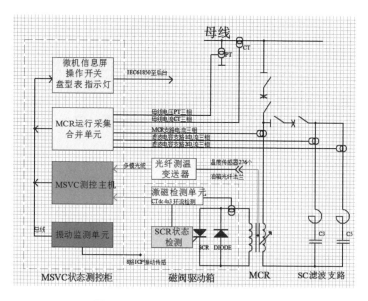

图 4-64　MSVC 状态监测系统框图

MCR 状态测控屏柜由 MSVC 测控主机、MCR 运行工况采集单元、12 英寸人机交互信息屏、操作开关、盘型表和信息指示灯等部件组成。测控主机汇集了电抗器运行的外部工况信息和内部状态参数，检测电抗器运行时的工况：母线无功信息、功率因数、MCR 磁控电抗器支路电流、滤波电容器支路电流等，采用光纤检测电抗器内部的温度场，并通过测量交直流混合的激磁电流感知磁场信息。测控主机在线监测并存储相关状态信息，实时记录电抗器运行的电量与非电量信息，并形成曲线图表。系统留有网络通信接口，可以接入变电状态监测后台，具备远程信息查询和监控功能。

系统实现功能如下：

（1）无功补偿参数测量。母线无功相关的电压、电流与功率因数的检测；电抗器支路输出的无功补偿电流检测；滤波电容支路的电流检测。

（2）测取 MCR 内部的温度场。每个小截面段铁心的贴装温度传感器，晶闸管监控温度传感器，上下层油温测量温度传感器。

（3）磁阀驱动激磁电流和电势检测。通过检测每个绕组中交流和直流激磁电流分量，并检测直流电势电压，掌握铁心局部磁饱和定量信息。

（4）根据状态反馈进行优化驱动。在检测电抗器上述重要状态量的基础上，优化磁阀的控制，实现电抗容量输出的优化驱动。

2. 温度场状态检测

电抗器铁心温度较高，实验室仿真铁心饱和时局部温度高达 200℃。为了有效掌握电抗器铁心的温度场分布，对铁心柱体和上轭的开展温度立体布点监测，传感器采用绝缘强度高、抗电磁干扰的光纤测温。MCR 三维结构图如图 4-65 所示。

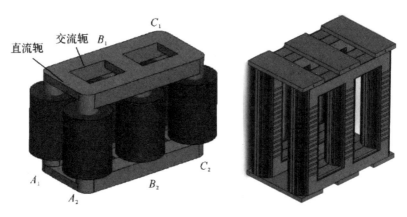

图 4-65　MCR 三维结构图

结合电抗器铁心的三维构造，光纤温度传感器的布置将涉及横截面和纵截面，具体布置方案如下。

（1）铁心纵截面测温。

考虑到每个铁心柱所处环境并非中心对称，也并非轴对称，因此需要对铁心四周进行布点测温。纵截面测温共布局96个串联型测温点，单条光纤串联8个测温点，2条光纤共16个测点测量一相铁心外围温度场，六相铁心共布局12条光纤96个测温点。测量电抗器内部六相铁心柱和上轭构成的温度场，纵向截面上共布局42个高温独立光纤测温点，如图4-66所示。

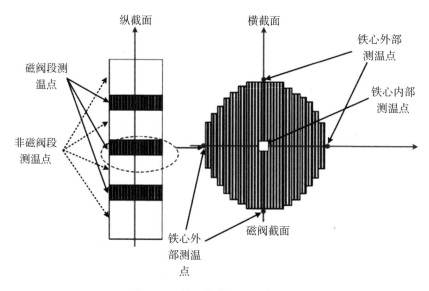

图4-66 铁心纵截面测温点示意图

（2）铁心横截面测温。

考虑到相关案例反映铁心内部发热最为严重，因此，需要对铁心内部进行测温。温度传感器布点重点对每个铁心高度的30%、50%、80%中心位置打孔预埋测温点，每个高度位置内部打孔预埋2个测温点，三个高度位置打孔预埋6个点，每个铁心柱上轭内部打孔预埋1个点。六相铁心共预埋42个独立测温传感器，由此形成纵向截面的温度场，如图4-67所示。

光纤传感器在磁控电抗器在生产制造时，预埋到铁心磁阀内部和贴装在表面，并随铁心浸漆烘干固化，测点完全覆盖整个MCR的温度场。光纤从电抗器铁心与线圈间隙引出，引到油箱顶部法兰接口，每个测温点均通过有特氟龙保护管单独光纤引出，多点分布式实现铁心内部测温布局。

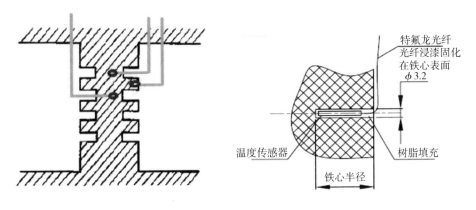

（a）光纤温度测点贴于铁心表面　　　（b）光纤温度测点埋于铁心内部

图4-67　光纤温度测点预埋示意图

电抗器油箱内部光纤测温整体如图4-68所示。

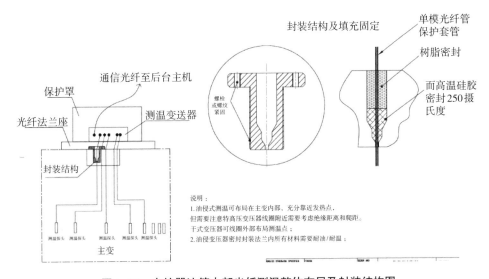

说明：
1. 油侵式测温可布局在主变内部，充分靠近发热点，
但需要注意特高压变压器线圈附近需考虑绝缘距离和爬距。
干式变压器可线圈外部布局测温点。
2. 油侵变压器密封封装法兰内所有材料需要耐油/耐温；

图4-68　电抗器油箱内部光纤测温整体布局及封装结构图

针对磁控电抗器铁心内部测温，选取绝缘耐压抗电磁干扰的宽温FBG光纤测温传感器，整个温度传感监测系统均使用耐高温的SMF-28规格光纤连接，并采用耐高温耐油腐蚀的特氟龙护套保护光纤和传感器探头，确保可靠测温并且不影响电抗器的工作运行。

（3）光纤测温技术方案及布置实施。

光纤测温变送器配置了高稳定功率输出的 LED 光源，输出在 1525 ~ 1565nm 的波长范围内，输出高达 17dBm 的光功率，确保测温稳定性和准确度。光纤测温变送器采用平行 CPU 处理技术，实时处理光谱分析中的大量数据，并采用多模光口输出 16 个通道的温度采集信息。变送器通过波分复用（WDM）解调技术来解调光纤温度信息，传感器温度变化能通过反射光波中心频率进行准确的分辨，通过高精度的中心波长来辨感知到的温度变化。

电抗器油箱顶部预留 3 个光纤引出法兰（单个法兰上光纤安装孔 23 个），本书在电抗器内部安装 66 根测温光纤引出。

对电抗器内部的铁心做在线温度监测，电抗器内部共有 6 柱铁心，每柱铁心分布有 11 个温度监测。其中铁心内部测点 5 个，外部贴装测点 6 个：在铁心的 20%、50%、80% 高度位置预埋内部测点，上铁轭和下铁轭各埋进一个测点；外部贴装在上下铁轭表面各 1 个，另外 4 个分布在铁心磁阀段表面 20%、40%、60%、80% 高度位置。

（4）监测 MCR 内部温度场的光纤测温配置方案。

油箱内部安装测温光纤 66 根，光纤长度 7mm、直径 ϕ 2.6mm、ST 接口 ϕ 10mm；测温单元主机 2 台；低压箱 1 台，挂装到电抗器油箱低压侧壁上。

（5）光纤贯通引出技术。

从电抗器内部通过安全可靠的贯通技术，把测温光纤引出，确保油密性能和光纤信号的无损输出，发明设计了油浸式电抗器 / 变压器专用的光纤密封接头和法兰引出安装结构。

光纤通过铜质 M12 密封接头从法兰孔引出，密封接头以 M12×1.5 螺纹固定在法兰上，密封接头内采用橡胶圈密封卡进光纤，密封接头外径是 16mm。每个法兰盘排布 23 个光纤密封接头。光纤贯通引出技术示意图如图 4-69 所示。

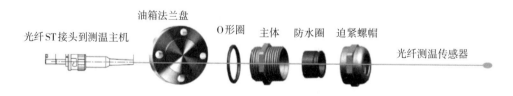

图 4-69　光纤贯通引出技术示意图

光纤测温单元主机具备 36 个测量通道，共配置 2 台测温单元，最多实现 72 个通道测温，光纤测温单元主机安装到低压箱内。

（6）光纤测温单元主机技术规格。

光纤测温单元主机见图 4-70，其技术规格见表 4-28。

图4-70　光纤测温单元主机（2U 上架式，方便组柜安装）

表4-28　光纤测温单元主机技术规格表

名称	参数
测量范围	−20℃ ~ +200℃
测量分辨率	0.1℃
测量精度	0.5℃
绝缘性能	2 000kV/1min 无击穿
测量响应频率	≤1Hz
检测光纤通道	48 通道
连接的光纤传感器规格	长度 7m，ϕ 2.6mm，ST 接口 ϕ 10mm
供电方式	工频，AC220V ± 10%，
通信接口	集成 2.4G 无线通信与 RS-485 总线接口
机箱尺寸	深宽高 320mm × 485mm × 87mm

（7）用于安装光纤测温单元的电抗器低压箱方案。

低压箱安装到电抗器本体，箱体尺寸宽高深 550mm × 540mm × 520mm。箱体内部安装光纤测温单元和 2.4G 无线 / 有线通信模块，其示意图见图 4-71。

3. 高压回路激磁电势电流检测技术方案

通过检测每个绕组中交流和直流激磁电流分量，掌握铁心局部磁饱和定量信息。本书通过高精度电流传感器，检测每相铁心励磁相关的两个晶闸管和续流二极管的交直流激磁电流。

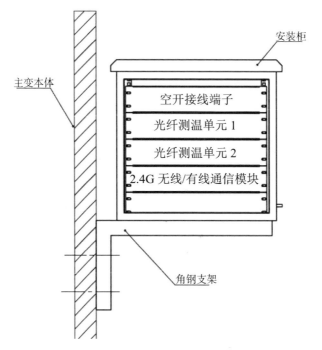

图4-71　低压箱箱体内部示意图

电流传感器 CT 以一次穿心方式安装到绕组回路中，覆盖各个绕组环流的检测，如图 4-72 所示。

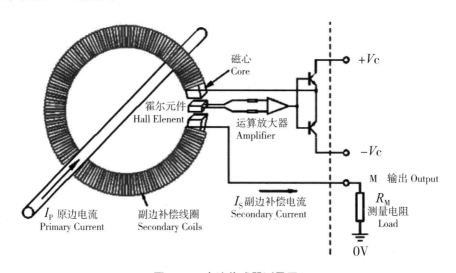

图4-72　电流传感器测量原理

磁控电抗器有 4 个电极引出到高压箱中，分别连接 2 个晶闸管和续流二极管。检测 4 个电极的端电压和 3 个回路电流，实现对激磁电势和电流的测量。特制了闭环霍尔电流传感器，单个传感器能测量出交直流混合的电流。传感器一次穿心非接触式安装在回路中，传感器输出二次信号就近连接到多通道采集板卡，采集板卡安装在晶闸管与续流二极管高压励磁箱内，通信采用无线方式把高压侧电流监测数据传送到 MCR 状态测控柜主机。

提供的一次穿心式电流传感器，专门为交直流叠加混合电流监测特制的一种闭环霍尔电流传感器。传感器交流量程 200A、直流 ±100A，穿心孔径 $\phi 25mm$，可满足 10Mvar/35kV 电抗器激磁电流交直流分量测量需求。

激磁电势电流检测单元，主要用于检测磁控电抗器各绕组中交直流混合的直流和交流激磁电流成分。激磁电流检测单元与 MSVC 磁控电抗器状态测控系统柜体分开安装，两者之间采用无线 2.4G 通信方式，数据汇集到低压箱的 "2.4G 无线 / 有线通信模块"，进行无线接收转成有线通信协议上送，从而实现高压回路监测的电气安全隔离。

激磁电流检测单元安装在高压驱动箱体内，集成 3 组三相电流检测通道，最多配合 9 只特制的交直流有源 CT 传感器实现 9 路激磁电流的检测。高压箱内有：三相磁阀控制绕组（每组为 4 抽头导线），6 只晶闸管，3 只续流二极管，晶闸管驱动模块，激磁电流检测模块。

1）激磁电流检测单元技术方案。

一台激磁电流检测单元，具备 3 个电流检测通道，同时预留 3 个电压检测通道，外形尺寸规格：长宽高 300mm×200mm×160mm，适合模块化安装到高压励磁箱内。

电流测量采用特制的交直流有源 CT 传感器，可测量交流、直流和脉冲电流。一次穿心方式检测导线电流。

（2）激磁电流检测单元参数规格。

供电电源：DC5V/2A；传感器输入信号：3×3 电流检测通道，200A 量程，准确度 1%；信号变比：一次 ±100A，二次 ±100mA；无线通信天线接口：2.4G 无线通信，通信天线接口 PG16（孔径 22mm）。

（3）配套电流传感器，见图 4-73。

CT 安装参数：穿心孔径 25mm，交流量程 200A，直流量程为 −200 ~ +200A，频率为 0 ~ 100kHz，测量精度 1%，一次与二次绝缘电压为工频 10kV。

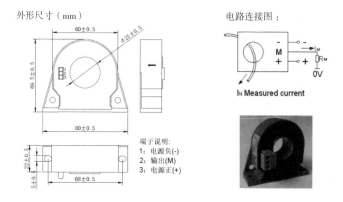

图4-73 电流传感器

4.6.2 系统主要技术指标

1. 遵循技术标准

DL/T 1217—2013《磁控型可控并联电抗器技术规范》

NB/T 42028—2014《磁控电抗器型高压静止无功补偿装置（MSCV）》

DL/T 860—2016《变电站通信网络和系统》

Q/GDW 535—2010《变电设备在线监测装置通用技术规范》

GB/T 7261—2016《继电保护和安全自动装置基本试验方法》

2. 传感器类型

光纤测温传感器：光纤测温探头传感器，通信光纤采用耐高温的聚酯亚酰胺护套的石英光纤，可有效隔离一次高电压与电磁干扰。传感器测温范围：−20 ~ +200℃，分辨率 0.1℃。

霍尔电流传感器：可测交直流混合电流，一次测量范围为交流 0 ~ 200A，直流 ±200A，二次输出 ±5V 准确度1%，一次穿心方式安装。

3. 测控系统主要技术指标（见表4-29）

表4-29 测控系统主要技术指标

测量内容		参数值
合并单元二次信号测量		± 0.5%
直流电流 交流电流	测量范围	DC: ± 100A
	测量准确度	± （标准读数 × 1%+0.1A）
	测量范围	AC:200A

（续表）

测量内容		参数值
	测量准确度	±（标准读数×1%+0.1A）
温度测量	测量范围	−20 ～ +200℃
	测量准确度	±1℃，分辨率0.1℃
防护等级		组件柜整体不低于IP55，满足户外安装需求

4. 工作条件要求

工作环境温度：−20 ～ +55℃；

工作环境湿度：5% ～ 95%；

大气压力：80 ～ 110kPa；

工作电源：AC220V±15%，工频：50±0.5Hz，谐波含量：<5%；

覆冰厚度：10mm（户外）；

耐地震能力：地面水平加速0.2g。

4.6.3 磁控电抗器运行状态检测系统配套内容

1. 系统配套内容（见表4–30）

表4–30 系统配套产品说明

序号	产品名称	规格说明	数量
1	MCR合并测控单元	测量母线三相电压、电流、MCR支路和两个滤波支路的三相电流；综合功率因素、无功参数的测量。软件汇集MCR状态信息，并与微机信息屏通信显示相关信息，并以IEC 61850协议送在线信息到后台，实现远程监控	1
2	光纤测温单元	测量电抗器内部三相6个铁心柱的内部和表面温度，每条光纤对应一个测温点，66条光纤传感测温点构成的整个电抗器温度场的监测	2
3	激磁电势与电流检测单元	通过霍尔传感器测量3组3路磁阀电流	3
4	MCR状态测控主机	主机采用3英寸嵌入式工控板卡，集成1.8GHz低功耗双核CPU、双网口和2.4G无线通信功能，用于状态信息汇集，可以IEC 61850协议与后台通信	1
5	微机显示屏	19英寸微机信息屏，用于展示系统软件监测的MCR运行状态信息、电量与非电量曲线图表、MCR输出功率与温度及控制量相关信息	1

（续表）

序号	产品名称	规格说明	数量
6	MCR状态测控组件柜	标准19英寸屏柜，内置22U安装空间，通过现场总线连接现场设备；集成220kV#1与#2主变的高低压两侧功率参数监测功能；内置环境温湿度控制，为柜内电气部件提供良好的工作环境	1
7	电抗器本体监测低压箱体	安装固定在电抗器本体外壳低压侧，箱体尺寸宽高深550mm×540mm×520mm；箱体内部可以安装2台光纤测温单元及相关配线；实现高压侧无线传感器与激磁监测信息的安全汇集	7

2. 屏柜布局示图（见图4-74）

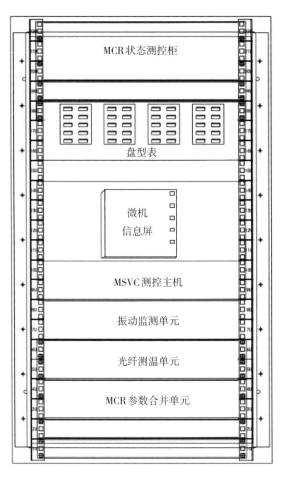

图4-74 MCR状态测控柜布局示意图

4.6.4 磁控电抗器运行状态检测系统的工程示范应用

本书研究开展了现场应用，两套系统实际应用到 220kV 变电站的 35kV MCR 电抗器状态测控中，实现 MCR 电抗器内部温度场、高压励磁电流交直流分量、主变 220kV 侧电压电流功率参数、35kV 磁控电抗器支路电压电流功率参数共五部分的综合监测应用。

系统由 MSVC 状态测控屏柜、35kV 磁控电抗器、35kV 侧的电容器组成。MSVC 测控屏柜内部安装了 MSVC 状态监测微机、测控合并单元、键盘显示器、盘型表和指示灯等。MSVC 状态测控屏柜包括 40 通道模拟量、22 路开关量输入、22 路开关量输出、6 路光电脉冲输出、2 路 485 通信和以太网通信功能。如图 4-75 所示。

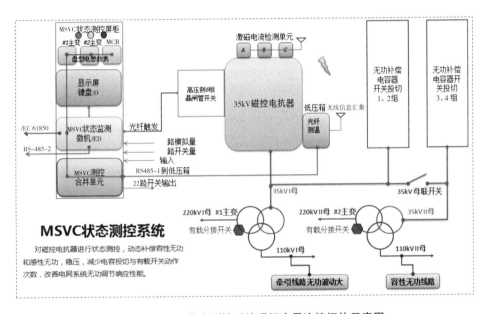

图 4-75　MCR 状态测控系统现场应用连接拓扑示意图

状态监测系统微机 IED，采用 2U 工控机，连接 19 寸显示器实现软件界面的展示、控制系统状态信息和参数设置，并集成 RS-485 和以太网通信接口，以 IEC 61850 协议连接变电设备状态监测后台，实现磁控电抗器在线监测和远程访问功能。

1. 激磁电流检测部分

电抗器的每相绕组有 4 个电极接到高压励磁箱，分别连接 2 个晶闸管和续流二极管。为检测晶闸管和续流二极管的 3 个环路电流，特制了闭环霍尔电流传感器，传感器测量交直流混合的激磁电流。传感器一次穿心非接触式安装在回路中，传感器输出二次信号就近连接到激磁电流检测单元机箱内采集板卡上。激磁电流检测单元机箱安装在高压励磁单元箱（银湖电气）内，集成3组三相电流检测通道，配合9只特制的交直流有源CT传感器实现9路激磁电流的检测。如图4-76所示。

激磁电流检测单元与MSVC磁控电抗器状态测控系统柜体分开安装，实现高压电气安全隔离。激磁电流检测单元与低压箱之间采用无线通信方式，激磁电流交直流数值无线传输到低压箱监测单元，在与温度信息一起通过RS-485_1总线接到MSVC状态测控屏。如图4-77所示。

图4-76　每相高压箱中安装1个激磁电流检测单元箱体与3个CT传感器

图4-77　磁阀式可控电抗器MCR及其高压励磁单元箱

2. 光纤测温部分

66 路光纤测温变送器由光纤引入 MCR 本体内部，光纤从 MCR 本体顶部经过法兰盘引至低压箱内，低压箱内包含两个光纤测温单元，光纤对应插入测温单元相应位置，如图 4-78 所示。低温压箱外形尺寸和安装位置见图 4-79 和图 4-80。

图 4-78 测温传感器光纤从油箱顶部引出，光纤测温单元安装到主变低压箱内

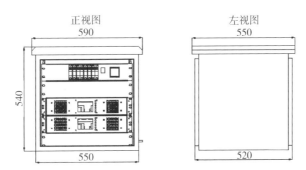

图 4-79 低压箱外形尺寸

图 4-80 低压箱安装在电抗器本体上

低压箱内光纤测温单元采集的电抗器内部温度场信息以及通过无线传输得到的激磁电流信息通过 RS-485 通信与 MSVC 状态测控屏柜进行信息传递。

3. MSVC 状态测控屏柜

MSVC 状态测控屏柜通过信号采集实现 MCR 电抗器内部温度场监测、高压励磁电流交直流分量监测；220kV 两台主变电压电流功率参数的监测；35kV 磁控电抗器电压电流等功率参数的监测；电容支路电流，系统容性无功和感性无功的综合测控。其外形尺寸如图 4-81 所示。安装位置如图 4-82 所示。

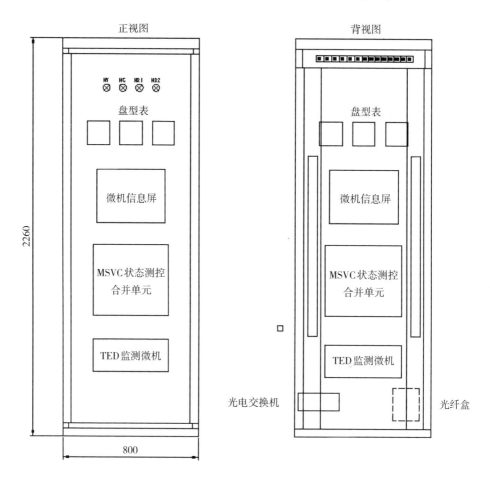

图 4-81 MSVC 状态测控屏柜外形尺寸图

图4-82　MSVC状态测控屏柜位置图

4. 系统配置及现场运行记录

主界面主要由三部分组成，如图4-83所示。第一部分：#1主变、#2主变220kV侧参数显示；第二部分：35kV MCR状态量显示；第三部分：MCR本体内部光纤测温点分布图。所记录的部分状态变量的变化趋势图如图4-84、图4-85所示。

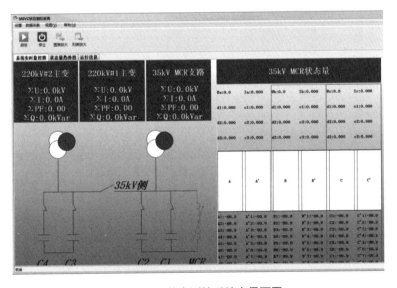

图4-83　状态测控系统主界面图

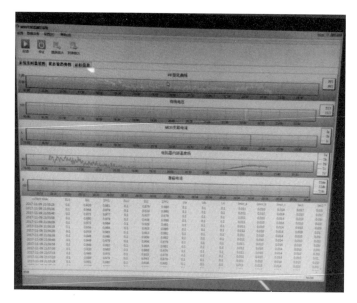

图4-84　所有状态变量变化趋势图

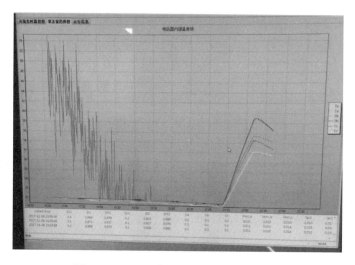

图4-85　MCR铁心磁阀温度场变化趋势

4.6.5　小结

本节详细描述了磁阀式可控电抗器MCR运行状态检测系统。该系统主要由MCR参数合并单元、光纤测温单元、激磁电流检测、振动监测单元、MSVC测控主机和微机信息屏六部分构成。系统采用多达66路的光纤传感器，成功应用到一台 MCR 电抗器内部铁心温度场的在线监测,实现了 MCR 内部温度场的准确测量。

该检测系统一方面可以有效地反映 MCR 设备的运行状态和运行性能,协助专业运维人员及时有效地发现设备内部是否存在的缺陷隐患,避免发现异常现象时设备已经产生不可修复的故障。另一方面,铁心"磁阀"温度分布,能够作为 MCR 运行状态和性能优化调节的重要依据,进一步实现 MCR 的"自适应"调节,实现电网设备的智能化运检。

5　总　　结

本书针对并联电抗器投切产生操作过电压影响电网安全稳定运行的问题，开展了并联电抗器操作过电压抑制技术、选相开关选型与试验技术、磁控电抗器运行关键技术等方面的研究。主要结论如下：

（1）选用 PSCAD 电磁暂态仿真软件，仿真了各种工况下开断 35kV 并联电抗器的过电压情况，并对比了各种过电压抑制措施的抑制效果。仿真发现，典型配置下开断时复燃的概率是 93%，相间峰值电压的最大值为 172.51kV，过电压情况非常严重；通过三相分相独立操作，控制断路器首开相燃弧时间超过一定数值，可以保证介质绝缘恢复曲线和瞬态恢复电压波形不相交，从而杜绝了复燃以及引发后两相等效截流，彻底治理真空断路器开断并联电抗器操作过电压；增大母线对地电容，可以降低振荡频率，减小复燃对电压的影响；真空断路器复燃率较高，且复燃现象大概率会引发较大过电压；前置断路器和中性点断路器投切方式对操作过电压具有很好的抑制作用；过电压保护器对开断并联电抗器操作过电压有明显抑制效果，特别是六柱式全相过电压保护器，在仿真中的保护性能是现有产品中最优的；在室外电抗器侧加装相间避雷器对过电压的抑制效果与六柱式全相保护器相当，但要保证设备间足够绝缘距离；对于空母线系统，在断路器母线侧投入阻容吸收器对母线侧和电抗器侧的过电压都具有明显的抑制效果，电容值和电阻值较大时保护效果略优。

（2）现场测试结果表明：原位置 SF_6 断路器开断并联电抗器仍有较大概率出现复燃；前置断路器开断并联电抗器对空母线情况下过电压抑制效果明显，亦无明显截流和复燃现象；中性点断路器投切（SF_6）开断并联电抗器对母线侧和电抗器侧的过电压抑制效果均非常明显，试验中未出现复燃和过电压；母线带出线对母线侧电压有一定抑制效果，但电抗器侧过电压仍较大，依然存在过电压风险；相间避雷器对电抗器侧电压有明显抑制作用，且连续投切过试验程中并无发热现象。

（3）在真空开关开断电感性负载的过程中，电弧重燃是导致多次重燃过电压和三相同时开断过电压的根本原因，选相开断可以有效消除电弧重燃，因而根本地消除这两种形式的过电压。在选相开断中，选相真空开关的动作稳定性越高，"无重燃相位区间"越大，则选相可靠性越高，影响选相可靠性的主要因素包括：最大恢复电压、分闸速度和弧后介质强度特性，选相真空开关的操作稳定性。

（4）对市场上的选相开关产品开展试验测量验证其操作可靠性，发现市场上现有产品满足选相可靠性要求。进一步，提出设想和建议，在选相真空开关的设计制造中，设置一个专门的辅助接点，进行真空开关主触头刚分时刻的信号传感，并基于此实现刚分相位的在线检测，以及选相相位的自适应控制。在无法实现刚分相位在线检测的情况下，本书提出了基于电弧重燃电磁波信号传感的选相失效在线检测方法，一旦出现选相失效和电弧重燃，及时给予报警。

（5）基于有限元方法建立了磁控电抗器电磁—机械耦合铁心模型，提出了磁控电抗器振动噪声抑制技术。具有均匀分布式磁阀结构的三相六柱并联磁控电抗器可以有效抑制谐波，总谐波分量占总电流的 2%。磁控电抗器振动能量与声能量主要集中在 100 ~ 500Hz，谐波分量对噪声影响显著。满载情形下，采取油箱壁添加阻尼沙箱降噪措施的设备比未采取措施的设备噪声声压级降低约 4dB，表明该降噪措施对正面声压有较好的抑制作用。

（6）场路耦合仿真计算表明，与集中式磁控电抗器相比，分布式磁控电抗器能有效降低漏磁，降低涡流损耗。但在 MCR 铁心的磁阀集中部位，热源强度大，平均温度高，容易成为局部热点。此外，当不理想加工条件使得磁阀局部出现异位分布时，会出现局部磁密异常升高至，损耗最高可达到正常分布磁阀损耗的 2.5 倍，导致环氧树脂加速老化，进而出现烧毁情形。同时，磁阀段比非磁阀段温度高 2℃左右，测温点可优先选择布置在中上部的磁阀处。

（7）磁控电抗器运行状态检测系统可有效地反映 MCR 设备的运行状态和运行性能，协助专业运维人员及时有效地发现设备内部是否存在的缺陷隐患。系统采用多达 66 路的光纤传感器，成功应用到一台 MCR 电抗器内部铁心温度场的在线监测，实现了 MCR 内部温度场的准确测量。